核电标准化工作运行模式概论

董瑞林等　编著

中国原子能出版社

图书在版编目（CIP）数据

核电标准化工作运行模式概论/董瑞林等编著 .—
北京：中国原子能出版社，2020. 11

ISBN 978-7-5221-1111-7

Ⅰ.①核… Ⅱ.①董… Ⅲ.①核电厂—运行—标准化
—研究 Ⅳ.①TM623. 7-65

中国版本图书馆 CIP 数据核字（2020）第 226992 号

核电标准化运行模式概论

出　　版	中国原子能出版社（北京市海淀区阜成路 43 号　100048）
策　　划	王　青
责任编辑	蒋焱兰
装帧设计	崔　彤
责任校对	冯莲凤
责任印制	潘玉玲
印　　刷	北京九州迅驰传媒文化有限公司
经　　销	全国新华书店
开　　本	787 mm×1092 mm　1/16
印　　张	14
字　　数	230 千字
版　　次	2020 年 11 月第 1 版　2020 年 11 月第 1 次印刷
书　　号	ISBN 978-7-5221-1111-7　　**定　　价　60. 00 元**

网址：http：//www. aep. com. cn　　**E-mail：atomep123@126. com**
发行电话：010-68452845

编委会名单

前　　言

在环境保护需求愈发迫切，经济和社会对能源供给需求不断增长的形势下，我国核电建设蓬勃发展，中国已成为世界核电增长的主力。截至2019年年中，全球在建的46座反应堆中，10座位于中国，而美国和欧洲等主要核电国家的核电装机容量几乎没有增加。若世界核电的变化趋势保持不变，在2030年之前，中国的核电发电量可能超过已在核电领域领先世界半个多世纪的美国。

同时，我国正在积极推动核电“走出去”，以“华龙一号”为代表的具有完全自主知识产权的三代核电技术蜚声海外。在这一发展态势下，中国将在全球核治理中获得更多的发言权。为全面支撑我国核电安全高效发展和国际合作，2018年7月23日，国务院办公厅印发了《国务院办公厅关于加强核电标准化工作的指导意见》，指出“核电标准化是支撑我国核电安全和可持续发展的重要保障，是促进核电‘走出去’的重要抓手，对推动我国由核电大国向核电强国迈进具有重要意义”。核电发展与核电标准化相互促进、息息相关。近年来，我国核电标准化工作取得了阶段性进展，发布核电标准1000余项，基本形成了覆盖核电全生命周期各个阶段的标准体系。此外，核安全相关标准认可和标准英文版翻译出版工作持续推进，“华龙一号”国家重大工程标准化示范顺利开展，核电标准化国际合作深入推进，不断推动我国自主核电品牌建设。

但目前为止，因受到我国核电发展时间较短、多种技术并存的影响，我国核电在中国电力供应中的比例仍然较低，核电标准体系还不完善，标准应用不理想，在国际上的认可度和影响力还有待提升。考虑到中国经济增速和电力需求增长的逐渐放缓，以及可再生能源在能源转型中的优先地位，核电的发展必须注意到市场的变化，更加主动、深入地参与市场竞争。美国、法国等核电强国的核电行业与核电标准化事业自发展伊始就处于充分的市场竞争之中，这些国家依靠标准推动核电产业发展的良好实践，是我国核电标准化发展的重要参考。

在这样的背景下，我们对国内外最具代表性的核电标准化组织和机构的管理体制、组织架构和标准制定程序等运行模式展开了系统研究。作为全球最大核电国，美国高度重视标准化，从国家战略角度，提出了明确的战略目标和任务。在其标准化运行模式下，其标准制定组织能够实现行业自律和自治，受到经济体制运转的驱动，以市场为导向，建有世界一流的标准服务体系、先进的合格评定机制和完善的标准实施保障体系。国际标准化组织（ISO）是一个全球性的非政府国际组织，其制定的标准本质上是自愿性的，但通过确保对过程的协调和管理，提供用户所需的协商一致的高品质国际标准，成为目前世界上最大、最具权威的国际标准化组织。除此之外，国际原子能机构、英国标准协会等核电标准化组织成功的运行模式也为我们的研究提供了绝佳的素材。

本书是在核工业标准化研究所承担的大型先进压水堆国家科技重大专项课题“中国先进核电标准体系研究”专题任务成果的基础上写成的。“中国先进核电标准体系研究”课题由上海核工程研究设计院有限公司联合多家单位共同开展。本课题由核工业标准化研究所副所长董瑞林负责组织开展，对国内外有代表性的核电标准化运行模式进行了研究，旨在为完善我国核电标准化运行模式提供参考。

编者

2020 年 10 月

目　　录

第一章　概　　述

标准化工作运行模式，在本书中是指标准化组织（Standards Development Organization）的组织模式和标准全生命周期的工作机制。从标准化作为一门专门的学科开始，百年来世界各国的标准化组织的运行模式在不断地与时俱进，尤其是随着国际标准化组织（ISO）等的发展壮大，标准化工作运行模式越来越科学合理。一套科学合理的标准化工作运行模式的设计和建立，必须遵循一系列的客观规律和受内部、外部环境的影响，譬如标准化基本原理、标准和标准体系的内涵、标准生命周期的内在特征、标准化组织所遵循的国家标准化管理体制、标准化组织自身的特点等。

从标准本身的特征要求来说，它本质上是一种特定的规范性文件。1990 年国家技术监督局发布的《标准化法条文解释》，将标准定义为“对重复性事物和概念所作的统一规定。它以科学、技术和实践经验的综合成果为基础，经有关方面协商一致，由主管机构批准，以特定形式发布，作为共同遵守的准则和依据”。ISO、IEC（国际电工委员会）以及国家标准 GB/T 20000. 1—2002《标准化工作指南　第 1 部分：标准化和相关活动的通用词汇》对标准的定义是：为了在一定的范围内获得最佳秩序，经协商一致制定并由公认机构批准，共同使用和重复使用的一种规范性文件，宜以科学、技术和经验的综合成果为基础，以促进最佳的共同效益为目的。标准的上述定义，决定了它具有如下核心特征。

1）标准制定的目的要求满足特定群体的需求。它是为了在一定的范围内获得最佳秩序，从而取得最佳的共同效益。换而言之，为保证标准能够实现其意义，标准制定的前提是其能够被共同使用和重复使用。只有大家共同使用并且要多次反复使用，这样的规范性文件才能成为标准。“一定范围”有两层含义，既包括适用的群体，也包括相应的事物，其中适用群体大小决定了标准的影响范围的大小。标准之所以被制定并被使用，其动力源于适用群体对共同利益的追求。群体需求的动力促使各利益相关方聚在一起协商形成各类标准，这一动力同时也促使各方自愿使用标准。标准被自愿使用的程度可以作为评价标准实施效果好坏的重要指标之一，也是决定标准是否具有长久生命力的关键因素。由此可知，标准化运行模式的核心内容之一就是要充分反映群体的需求及其利益，这也是评估标准提案能否立项的关键之一。

2）标准制定的过程是协商一致的过程。协商一致原则（Principle of Consultation and Consensus）是自律性组织开展活动的一项通用的基本准则。标准的制定，也是建立在协商一致的基础之上，需要标准的各利益相关方对标准的内容取得最大共识。从而使得标准更加科学合理，具有广泛的共识基础，为特定群体自愿接受和执行标准而创造应有的条件。因此，标准化运行模式的另一关键内容是要保障标准形成过程的广泛协商一致，一般包括：①在标准的制修订过程中，应该广泛征求各利益相关方的意见，让各种观点和意见充分表述，并分析不同观点的产生原因和理由；②在标准的制修订过程中，应该让所有各利益相关方或代表对标准中的实质性问题进行辩论甚至争论，在辩论中取得最大共识。为保证辩论的过程然后进行协调；③在标准的制修订过程中，各方观点和意见的提出、观点的碰撞、争议的消除，需要特定的组织和程序加以约束且分阶段开展，以提高效率和保证落实协商一致原则。

从标准体系的特征要求而言，当大量相关的标准（如围绕核电这一共同对象的标准）聚合在一起时，这些标准的协调、统一的管理也就成为标准化运行模式的一部分，如各标准化组织负责范围的划分、同一标准化组织内部分技术委员会的设置、工作组的设置、单一领域内标准之间的协调等。标准体系是指一定范围内的标准按其内在联系形成的科学的有机整体（见 GB/T 13016—2009《标准体系表编制原则和要求》）。“一定范围”可以指国家、行业、地区、企业范围，也可以指产品、项目、技术、事务范围。“有机整体”是指标准体系是一个整体，标准体系内各项标准之间具有内在的有机联系，且相互之间协调统一。标准体系主要包括技术标准，也可以包含必要的管理标准和工作标准。技术标准和管理标准之间应相互协调一致，管理标准一般是为保证技术标准的实施而建立的标准，工作标准应确保技术标准或管理标准的实施，工作标准可以是标准形式，但多数都是以管理指南或导则的形式存在（如ISO/IEC导则）。标准体系具有如下特征：

① 标准体系是一个整体。标准是标准体系的构成要素，许多标准联系在一起构成体系，但这些按标准对象的内在联系形成的标准整体并非个体标准的简单相加。对一个孤立的标准，人们往往关注该标准提出的具体要求是否合理。当把该标准置于标准体系之中后，才能看出要实现该标准规定的要求，需要其他一系列标准相配合，如果标准体系不完备，该标准所规定的要求最终将难以保证实现。而这个整体所具备的功能是任何一个要素都不具备的。

② 标准之间存在有机联系。标准体系的构成要素（标准）之间必定存在着相互关联、相互作用的关系。这种关联，除了是围绕“一定范围”而展开，同时也要求体系必须有明确的目标。没有明确的目标无法建体系，标准体系要具备怎样的功能都依从于标准体系的目标，标准体系的组成要素（单个标准）以及要素之间形成怎样的联系等等都取决于体系设立的目标。

标准所对应的活动则常被称之为标准化，是指为了在一定范围内获得最佳秩序，对现实问题或潜在问题制定共同使用和重复使用的行为规范的活动（GB/T 20000.1—2002），这个定义同时也是ISO、IEC对标准化给出的确切定义。标准化的结果是形成条款（一组相关的条款就形成规范性文件），如果这些规范性文件符合制定标准的程序，经过公认机构发布，就成为标准。而标准化的效果只有标准实施后，才能表现出来。标准只有被广泛运用，才能实现标准化的意义和应有的效益。因此，标准化的全部活动中，实施标准是个非常重要的环节，没有标准的实施，也就没有标准化的循环发展，标准化的“化”也就无从谈起。同样地，标准化不是一项孤立静止的行为和结果，而是一个制定和优化的过程，这个过程是一个不断循环、螺旋式上升的运动过程。每完成一次循环，标准将得到进一步的完善，也将及时地反映当今技术发展的水平。因而，广义的标准化，包括了标准的制定、标准的实施和标准的维护这三大环节。若参照质量管理的PDCA模型，标准化过程也就是计划、执行、检查和改进的过程，其中检查则是通过市场、通过用户的实施标准来完成。具体而言，标准化一般经过体系规划、标准起草、征求意见、审查、发布、贯彻实施、复审、修订等一系列循环往复的活动。因此，标准化运行模式重点就是标准制定、标准的实施和标准的维护活动所依赖的组织管理程序。任何一个标准化组织都有它的标准化运行模式，这些模式各具特点，但总体而言，都是从高效制定高质量的标准，有效推动应用实施，有效吸纳各方反馈意见的角度予以工作程序设计。

无论哪种活动，它的组织和工作模式必然受到上层的管理体制的制约，标准化运行模式同样如此。一般而言，体制是指社会活动的组织体系和结构形式，包括特定社会活动的组织结构、权责划分、运行方式和管理规定等；狭义上的机制则指社会有机体各部分的相互联系、相互作用的方式。比如，市场机制就是市场经济各组成要素以市场体系为中介相互联系、相互作用、相互协调的方式，主要包括价格机制、供求机制和竞争机制三个方面，但实际工作中，机制往往泛指依据这些狭义上的机制而建立的要求大家共同遵守的办事规程或行动准则。体制和机制处于社会有机体结构的不同层面，各有自身的特殊规定、特点和功能定位，发挥着不同的作用。体制位于社会体系的中观层面，侧重于社会的形式；机制位于社会的微观层面，侧重于社会的运行。标准化管理体制通常由政府决定，具有相对稳定性，一经确立就将一直贯穿于标准化运转的始终，不会发生根本性改变，一旦发生根本性改变或被废止，则意味着标准化的形态发生了质的变化。标准化运行模式则不同：

1）一方面，它离不开标准化管理体制，隶属于并内含在体制中，总是这样或那样地与标准化管理体制结合在一起，也总是这样或那样地受标准化管理体制的制约和影响。任何体制都是由若干要素组成的，这些要素以一定的方式联系起来并相互作用就形成一定的机制，机制的本质就是将体制的要求和基本目标具体化、细化和现实化，从而具有可操作性，更容易落到实处。因而，不同的标准化管理体制决定了不同的运行模式，运行模式在不同的标准化管理体制下，其表现形式和运作过程、方式是不完全一样的。无论建立何种标准化运行模式，都不能背离标准化管理体制的基本要求。

2）另一方面，体制和机制虽然是相互联系、密不可分的，但也非一一对应的关系，也就是说运行模式又是易变的，只要不违背体制的基本要求。在特定的体制下究竟采取什么样的模式来实现和运作，更多地取决于发展的实际需要，而随着社会经济的发展变化，标准化机制也会相应发生变化。譬如我国的标准化工作，在《标准化法》所规定的标准化管理体制下，运行模式也在不断的调整，从早期的单纯政府主导到政府引导，从计划为主到需求引导为主，都表明运行模式是在不断地与时俱进。

纵观目前国内外的标准化管理体制，主要存在两种模式：一种是政府主导模式，典型代表有我国和俄罗斯等；另一种是民间主导模式，典型代表有美国和英国等。在管理上，前者强调政府对标准化工作的管理，往往制定有“标准化法”来规范和约束标准化工作；后者强调对民间团体（协会和学会等）标准的利用，一般是制定一系列的关于政府如何指导、参与和影响标准化以及如何利用标准化成果的法规等规章或规范性文件，如美国的《国家技术转让和推动法案》和英国的《皇家特许》《政府代表如何参与BSI英国标准委员会指南》等。在标准制定上，前者由政府主导标准化工作并批准发布，相当数量的标准由政府标准化部门建立或授权建立的机构或技术委员会制定；后者则主要由民间组织主导标准的制定和发布，大多数标准都是由民间团体制定，都强调在保障利益相关方需求和协商一致等方面的程序正当性。在标准实施上，都非常重视标准的应用，实行统一管理方式保证标准的实施，将标准与认证等合格评定活动结合起来，英国BSI颁发著名的产品质量认证标识——风筝标识，德国则还设有专门的标准应用部门——标准实践委员会（ANP）。目前我国为了规范标准的管理，除了《标准化法》外，还针对国家标准、行业标准、地方标准和企业标准分别颁布了《国家标准管理办法》《行业标准管理办法》《地方标准管理办法》和《企业标准化管理办法》，这些办法对标准的制定、审查、发布等做出了明确的规定。

“标准”实质上是一件服务于一定范围人群的技术产品。在没有强制力介入的基础上，标准要想具有广泛的生命力和能够自持性成长，首先取决于它的市场需求情况，其次是它本身所具有的质量，这就要求标准在协商一致的基础上能满足多数人的需求。概括而言，标准应是一种基于效益和协商一致原则的高质量的产品。标准的效益的实现和质量的提升，取决于它的实施和应用反馈，如同任何一项工作的质量改进，标准质量的改进也需要无限循环的制定、实施和改进过程，因而标准化的过程就是对这一高质量的产品按照协商一致的原则进行生产、销售和维护，即制定标准、应用标准和维护标准。标准化运行模式也就是根据标准化的职责和目的，围绕标准化过程，建立一套组织机构和制度保障。总的说来，建立一套科学合理的标准化运行模式，需要考虑如下几点：首先，应符合所在国家或组织的标准化管理体制，只有遵照上层的标准化管理要求，才能取得行政许可或认可；其次，应能满足标准及其体系的特征要求，如保证满足“一定范围”的需求和按照协商一致原则达成共识等，这样才能保证程序的正当性以获得相关利益方的广泛认同；再次，需要通过促进标准的实施和加强标准的应用反馈，才能不断提升标准的影响力和生命力，形成良性循环；最后，可以借助现代化的理念、模型、方法和工具，提升标准化工作的效率、成本效益和质量。

国内外的各种标准化组织或承担标准制定功能的组织基本上可分为国际标准化组织、国家标准化组织、民间标准化组织、政府（部门）标准化组织等几类。其中国际标准化组织的标准运行模式具有广泛的代表性，尤其是它们的标准制定工作程序。狭义上的国际标准化组织是指三大国际标准化组织——国际标准化组织（International Organization for Standardization，ISO）、国际电工委员会（International Electro technical Commission，IEC）和国际电信联盟（International Telecommunication Union，ITU）。广义上的国际标准化组织则还涵盖了ISO认可的国际组织，如IAEA（国际原子能机构）、WTO（世界贸易组织）、ICRP（国际放射防护委员会）、ICRU（国际辐射单位与度量委员会），它们发布且经ISO确认后的标准即为国际标准。随着人们对标准化运行的一些基本理念认识的深入，这些标准化机构在标准化方面的运行模式也在逐渐趋于一致，其中尤以最重要的两大组织——ISO 和 IEC 为典型，两大组织共同制订的标准化工作导则《ISO/IEC 导则第 1 部分：技术工作程序》和《ISO/IEC 导则第 2 部分：国际标准结构和编写规则》也逐渐成为其他标准化机构广泛采用或效仿的对象。国家标准化组织是指一个国家或地区制定和管理国家标准的组织，包括赋予了这些职能的国家有关部门，如我国的国家标准化管理委员会，也包括政府授权赋予这些职能的社会团体，如英国标准协会（BSI）。民间标准化组织是指非政府的且无政府授权的民间自发组织的标准化团体，主要以各类协会和学会为主，它们自行制定、发布和应用自己的标准，许多标准在符合要求的基础上将被国家标准化组织采用而上升为国家标准，这类标准化组织包括核电业界所熟知的美国机械工程师协会（ASME）、美国电气工程师协会（IEEE）和法国核岛设备设计和建造规则协会（AFCEN）等。政府部门标准化组织是指一些制定和发布自己专用标准的政府行政部门，例如美国能源部、美国国防部等，它们制定的标准专用于该部门及其所有与它有业务来往的承办商、供应商或其他相关单位。

在核电标准化方面，典型的国内外标准组织包括了国际标准化机构（ISO）、国际电工委员会（IEC）、英国标准协会（BSI）、美国能源部（DOE）、美国机械工程师协会（ASME）、法国核岛设备设计和建造规则协会（AFCEN）以及我国的国家标准化管理委员会（SAC）和国家能源局。其中 ISO 和 IEC 代表了国际标准的运行模式，BSI 代表了最具代表性的国家标准的运行模式，DOE 代表了政府专用标准的运行模式，ASME 代表了社会团体（学会、协会）标准的运行模式，AFCEN 则是另一个运作较为成功的另一范例，SAC 则代表了我国的标准运行模式。地区性的标准化组织，如欧盟的三大标准化委员会，它们的运行模式中除了要求欧盟成员国强制性转化为国家标准外，其他与国际标准化组织的相差无几。

第二章　国际标准化组织的运行模式

2.1　概述

国际标准化组织（ISO）是一个全球性的非政府国际组织，是由各国标准化团体（ISO 成员体）组成的世界性的联合会，是世界上最大、最具权威的国际标准化组织。ISO 的成立，源于各国对促进国际间的合作和统一工业标准的需求和认识。成立于 1926 年的国家标准化协会的国际联盟（ISA）（重点在于机械工程方面）的工作由于二次世界大战而在 1942 年终止，二战之后，来自 25 个国家的代表在伦敦召开会议，决定成立一个新的国际组织，ISO 于 1947 年 2 月 23 日应运而生，总部设在瑞士日内瓦，目前其成员已遍及世界各地。ISO 还是联合国经社理事会的甲级咨询组织和贸发理事会综合级（即最高级）咨询组织。此外，ISO 还与 600 多个国际组织保持着协作关系。其中，同国际电工委员会（IEC）关系最为密切。根据分工，IEC 负责电工电子领域的国际标准化工作，其他领域由 ISO 负责。按照 ISO 章程，其成员分为团体、通讯和注册成员，ISO 现有的 164 个成员中，团体成员 121 个，通信成员 39 个，注册成员 4 个（据 ISO 的 2019 年年报）。团体成员是指最有代表性的全国标准化机构，且每一个国家只能有一个机构代表其国家参加 ISO。通讯成员是指尚未建立全国标准化机构的发展中国家（或地区）。通讯成员和注册成员不参加 ISO 技术工作，但可通过交纳少量会费，作为观察员参加 ISO 会议，了解 ISO 的工作进展情况，经过若干年后，待条件成熟，可转为团体成员。我国是 ISO 创始国之一，1978 年 9 月 1 日重新加入 ISO。

“ISO”并不是其英文全称首字母的缩写，而是来源于希腊语的一个词，意为“相等”。以这一名称作为组织的代称，也表明了ISO的宗旨就是在全世界促进标准化及有关活动的发展，以便于国际物资交流和服务，并扩大知识、科学、技术和经济领域的合作。ISO的主要任务是制定、发布和推广国际标准，协调世界范围内的标准化工作，组织各成员国和技术委员会进行信息交流，与其他国际组织共同研究有关标准化问题。

ISO的标准化管理和运行模式是与其本身的角色定位和基本理念密切相关的。ISO在其发布的“2016—2020战略规划”中提出了ISO未来发展的六个主要战略方向：

1）通过全球各地ISO成员的共同努力制定高质量标准，提升ISO技术委员会的工作能力，建立技术委员会领导者与来自不同国家、文化背景和分类领域利益相关者之间的共识。

2）获得各利益相关方和合作方的支持，尽可能多地提升ISO成员和利益相关方在标准制定中的投入，包括未被充分考虑到的各个群体；吸收相关主题领域内的优秀专家，解决领域内不同战略之间的全球性挑战。

3）在人与组织的发展层面，将为ISO成员提供各种机会，使其更好地阐释、建立和指导他们参与ISO的各项工作；也将促进合作关系的建立与改善，以及通过ISO成员之间国家知识共享和发展相关问题的解决，促进ISO成员之间的紧密合作。

4）技术战略实践层面，加强利益相关者和消费者参与ISO工作，方便利益相关者通过ISO成员网络资源获取所需内容；为ISO成员提供通过新途径向利益相关者和消费者输送服务以及其他服务的机会。

5）传播，除了其他措施，还将利用媒体关系、传播技术和社交网络实现ISO的团体利益。

6）制定全球通用的国际标准，不断加强作为企业绩效工具标准的实施，制定国际标准相关补充内容，使ISO成员在消费者需要时能够为其提供更多的辅助信息。

2.2 组织结构

2.2.1 主要内部机构

ISO的组织结构的设置和建立，与该组织承担的任务以及如何有效并高效地开展工作和完成任务是密切相关的。ISO的主要机构有全体大会、理事会、技术管理局、技术委员会和中央秘书处，如图2-1所示。

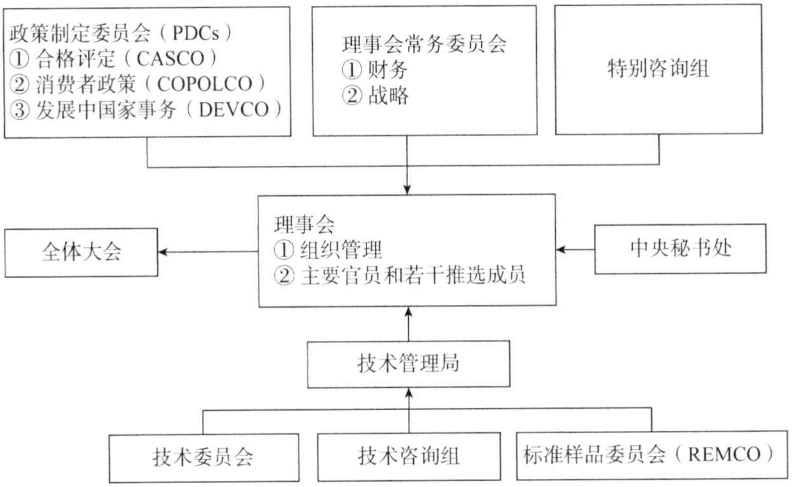

图2-1 ISO管理框架图

2.2.1.1 全体大会

全体大会是ISO的最高权力机构，属非常设机构，每年9月召开，所有的ISO成员团体、通讯成员、注册成员和与ISO有联络关系的国际组织均派代表与会。主要官员有6位，包括主席、副主席（负责政策）、副主席（负责技术管理）、副主席（负责财政）、司库和秘书长。全体大会的主要任务是讨论决定ISO的战略目标，主要议程包括：年度报告中有关项目的进展情况、ISO的战略计划以及财政情况等。全体大会的工作会议只限于 ISO 成员国参加，专题公共研讨会则是任何与会人员均可参加。在 ISO 的标准化工作机制中，可以认为全体大会不影响也不参与具体的标准化工作。

2.2.1.2　理事会

理事会是 ISO 的管理机构，与全体大会相比，理事会才是 ISO 事实上的最高权力机构。

职责上，理事会的主要任务包括：任命司库；任命秘书长，规定秘书长的权限和工作范围，制定秘书长处理中央秘书处工作的规则；选举技术管理局（TMB）的成员，并确定技术管理局的职权范围和职责；任命政策制定委员会主席；审查并决定 ISO 中央秘书处的财务预决算。

组成上，理事会由 ISO 主席主持，成员由 ISO 主要官员（主席、副主席、司库、秘书长）、政策制定委员会（CASCO，COPOLCO 和 DEVCO）的主席和全体大会选出的 20 名成员团体组成，理事会成员任期 2 年。理事会的 20 个成员团体向全体 ISO 成员开放并实行轮值制度，以确保理事会能够代表全体成员的意志和利益。每个理事会派出的具体人选由成员团体指定或选举，仅限 1 人，但在特殊情况下，经主席批准，成员团体的代表可以由 1 名专家陪同作为观察员参加理事会会议。理事会需要某些成员的相对稳定，还需要政策方面的有效协调，ISO 主席、副主席和秘书长在其中起着穿针引线的重要作用。一些重大问题，事先要做必要的沟通工作，尤其是一些常任理事国的沟通工作。虽然 ISO 极力试图通过分组选举的办法达到理事会成员在地理位置、工业发展程度方面的平衡，但是发展中国家由于在技术水平、财力和内部管理水平等方面的因素，即使可能参加某一届或几届理事会，发言权仍很有限。

运作上，理事会每年召开 3 次会议，会议分别在 1 月、5 月和 9 月召开。ISO 中央秘书处负责准备工作文件。一般来说，工作文件涉及约 15 个议程，数百页的资料。ISO 通常的做法是至少 2 个月前把文件发到各理事会成员手中，使他们有充分的时间阅读文件，进行准备。到会上按议程通过，谁有意见立即提出，有不同意见时，讨论的时间会长一些，对于那些明显不可能在会上达成一致意见的项目，只研究如何达成一致意见的方法，例如成立一个理事会特别小组，交给这个小组去讨论怎样解决有关问题。

技术支持上，理事会下设有一系列负责在具体问题上提供指导和管理的机构，包括政策制定委员会、理事会常务委员会和特别咨询组。

1）政策制定委员会

政策制定委员会主席由理事会任命，任期3年，可以被连续任命2届。ISO设有3个政策制定委员会：合格评定委员会、消费者政策委员会、发展中国家事务委员会。

① 合格评定委员会（CASCO）。合格评定委员会（CASCO）包括积极成员和观察员。此外，其他一些国际组织如世界贸易组织（WTO）、联合国欧洲经济委员会（UN/ECE）、国际实验室认可合作组织（ILAC）和国际认可论坛（IAF），地区性组织如欧洲电工委员会（CENELEC）、欧洲测试和认证组织（EOTC）、北美自由贸易协会（NAF-TA）、东南亚联盟质量体系认可委员会（ASEAN/ACCSQ）等都参加CASCO的工作。其主要任务是：修订关于实验室认可、检验机构、校准和实验机构的指南；在法规领域和在环境管理领域制定关于相互承认协议的新指南；制定关于合格评定标志的使用指南。经ISO全体大会批准的ISO/IEC质量体系认可国际承认计划（ISO/IEC QSAR），其宗旨是通过签订一项国际承认协议，使各国的经认可的认证机构颁发的认证证书得到全世界用户的承认，以减轻企业的负担。

② 消费者政策委员会（COPOLCO）。ISO消费者政策委员会（CO-POLCO）成立于1978年，现有成员国128个，其中积极成员77个，观察员51个。直接负责出版标准和导则4个。消费者政策委员会（COPOLCO）的主要任务是：研究消费者从标准化中取得收益的方法，以及帮助消费者积极参加国家和国际一级的标准化活动；从标准化的角度为消费者开展信息服务和人员培训；为消费者提供一个论坛，以便于交流标准制定和实施的经验，以及消费者感兴趣的国家和国际标准化问题；代表消费者的利益与ISO其他有关机构保持联系；在本职范围内开展研究活动。消费者政策

委员会（COPOLCO）每年开 1 次年会，地点在不同的成员国，一般来说，会期 3 天，其中包括 1 天的公共研讨会，研讨会的内容因时而定。参加会议的代表团，大多数来自 ISO 各成员国的消费者机构，政府或非政府的，以及标准化机构中的消费者事务管理人员。消费者政策委员会（COPOLCO）中，欧洲和北美的力量较为强大，发展中国家参与的较少。在 1995 年 5 月的消费者政策委员会（COPOLCO）全体大会上提出了 ISO 应制定服务业国际标准的动议，成为消费者政策委员会（COPOLCO）工作的一个转折点。世界贸易组织（WTO）的官员出席了此次大会并作了重要讲话，强调了服务业国际标准对国际贸易的必要性。

③发展中国家事务委员会（DEVCO）。发展中国家事务委员会（DEVCO）成立于 1961 年，现有 151 个成员国，其中积极成员 99 个，观察员 52 个。发展中国家事务委员会（DEVCO）的主要任务是：了解发展中国家在标准化及有关领域（如质量控制、计量和认证等）的需求。针对上述需求和要求，提出满足这些要求的办法。为发展中国家提供一个论坛，讨论标准化各方面的问题，在发达国家与发展中国家、发展中国家之间交流经验。在开展这些活动时，与联合国、IEC 和 ISO 其他机构密切合作。就上述事务向全体大会提出咨询。发展中国家事务委员会（DEVCO）第 3 年制定一个发展计划，同时确定发展中国家事务委员会（DEVCO）的工作计划。执行计划的经费来源于联合国开发计划署、联合国工业组织、各国政府的援助以及发展中国家自己筹集的资金等。ISO 中央秘书处只管发展中国家事务委员会（DEVCO）发展计划工作人员的工资和差旅费。发展中国家事务委员会（DEVCO）发展计划的主要内容有：

A. 人员培训。方式有：

a. 地区研讨会——涉及内容有标准化、质量管理、实验室认可等。

b. 奖学金培训——资助人员到工业发达国家的标准化机构实习。

B. 交流标准化经验和信息。方式是：

a. 编写发展手册和书籍；

b. 召开国际会议；

c. 与 ISO 其他政策委员会共同召开研讨会。

C. 帮助发展中国家的人员参与国际标准化工作。提供经费资助参加ISO技术委员会会议，其方式是：

a. 提供经费培训发展中国家承担的ISO/TC秘书处的工作人员；制定指南性文件以促使国际标准化组织重视制定发展中国家需要的国际标准。

b. 为了帮助发展中国家提高标准化工作水平，DEVCO编制了一系列小册子，已经出版的有：《国家一级标准化机构的建立和管理》《质量体系的运作》《技术人员的培训——国家一级和公司一级》《高等院校的标准化教学》《公司标准化部门的建立和组织》《标准的应用》《参加国际标准化活动》和《标准信息中心的建立和组织》等。

2）理事会常务委员会

理事会常务委员会下设理事会常设财务委员会和理事会常设战略委员会。

① 理事会常设财务委员会（CSC/FIN），成员由司库和理事会指定的6个现任理事会成员团体的代表组成，任期2年。主席由委员会从其成员中选举产生。理事会常设财务委员会成员由司库和理事会指定的6个现任理事会成员团体的代表组成，任期2年。主席由委员会从其成员中选举产生。理事会常设财务委员会（CSC/FIN）的主要任务是：根据ISO章程和议事规则中对司库责任做出的规定和理事会的相关决定，以咨询委员会的资格向司库提出建议；随时了解中央秘书处（ISO/CS）管理层财务方面的问题，并就有关由ISO/CS向ISO全体成员、TCs和SC以及ISO管理机构和政策制定委员会提供的服务进行评定，向秘书长和理事会提出建议；当有要求时，就其他方面的财务问题向理事会提出建议；在理事会上做财务报告。

② 理事会常设战略委员会（CSC/STRAT），由6个现任理事会成员团体代表和政策制定委员会主席组成。该委员会主席由ISO负责政策的副主席兼任。理事会常设战略委员会的主要任务是：向理事会提出适宜的政策和战略建议，并提出所有相关问题；修改由理事会在4月份会上批准的战略日程，或是根据需要经常进行修改；每隔3年对战略文件1次修改；1年至少向理事会报告1次。

3）特别咨询组

为了推动国际标准化组织的战略目标向前发展，ISO 主席在经过理事会同意的基础上可以成立特别咨询组。该小组由对国际标准化非常感兴趣的其他组织的执行官组成。这些小组的成员应受主席的邀请以个人身份参加，而不是以成员团体代表身份参加。这些小组提出的建议应提交理事会做出相应措施。

2.2.1.3　技术管理局（TMB）

上述的理事会是一个宏观管理的机构，而技术管理局则是一个专业化的技术管理机构，负责 ISO 技术管理和协调的最高管理。与标准化运行模式相关的顶层管理和协调都由它负责。

在组成上，TMB 由 1 名主席和理事会选举任命的 12 个成员团体组成。为了既保持 ISO 技术工作的连续性又能使更广泛的成员团体有机会参与 ISO 高层的管理工作，ISO 在 TMB 成员的选举方面制定了严格的规定，这些规定经理事会批准已经从 1995 年开始执行。根据该规定，ISO 的成员团体按照得分排队。得分原则是：交纳的会费占 25%的比重，承担 TC/SC 秘书处的多少占 50%的比重，以“P”成员身份参加的 TC/SC 的数量占 25%的比重。没有承担 TC/SC 秘书处的国家无资格参加 TMB 的工作。按得分顺序，第 1 名~第 4 名，即在技术委员会中责任最大并且产量最高的 4 个成员团体被指定为 TMB 的连任成员，第 5 名~第 12 名中选举 4 个成员，第 13 名之后选举 4 个成员，后 8 个成员任期 3 年，不可连选连任。在理事会成员的任命或选举时，应考虑在地理分布上和工业发展上的平衡。

在职责上，TMB 的主要任务包括：

A. 向理事会汇报 ISO 全部技术工作的战略计划、协调、运作和管理问题，并在需要时向理事会提供咨询；

B. 负责技术委员会机构的全面管理，包括：

a. 建立技术委员会和解散分委员会；

b. 任命技术委员会主席；

c. 分配或重新分配技术委员会秘书处和分委员会秘书处（在某些情况

下）；

d. 批准技术委员会的名称、范围和工作计划；

e. 监督技术委员会的工作；

f. 对技术委员会或分技术委员会的行动或非行动提出反诉。

C. 审查 ISO 新工作领域的建议，并对此进行规划；

D. 代表 ISO 维护 ISO/IEC 导则，检查和协调所有的修改意见并批准有关的修订文本维护其他技术工作规则；

E. 在技术工作已有政策的框架内，对 ISO 与 IEC 之间、ISO 与其他国际组织或地区组织之间的技术协调问题做出决议；就 ISO 与 IEC 之间的技术接口问题和与其他标准化国际组织之间的合作问题向秘书长提供咨询；建立（或解散）技术咨询组（TAG）并指定这些小组的成员和主席；

F. 如有必要，安排具体技术工作项目的优先顺序；

G. 协调技术工作，包括分配负责制定几个技术委员会都感兴趣主题的标准或需要协调制定的标准的责任。为帮助完成这项工作，技术管理局可在相关领域建立专家咨询小组，就其基础、行业及跨行业协调工作事宜提供咨询，并对相关的计划及新工作需求提出建议；

H. 在 CEO 办公室的帮助下，监督技术工作的进展情况，并采取适当的措施；

I. 考虑国家成员体提出的原则性事项及对新工作项目提案、委员会草案、询问草案或最终国际标准草案决定的申诉。

在运作上，TMB 的日常工作由 ISO 中央秘书处承担。TMB 每年召开 3 次会议，时间一般安排在 1 月、5 月和 9 月。参加 TMB 会议的各成员代表通常是各国标准化机构主管技术工作的负责人，他们在标准化工作方面具有丰富的实践经验，熟悉国际和国内的标准化工作程序，本人具有良好的英语工作能力。非英语国家的日本、韩国、马来西亚、泰国、北欧各国、西班牙语各国等都表现了良好的英语能力。这种语言能力对于深入和全面了解国际技术动态起了很大的帮助作用。

在技术支持上，TMB 认为必要时，可设立一些专门机构，就有关标准化原理问题、基础问题、行业问题及跨行业协调问题、相关计划及必要的新工作等方面向 TMB 提出建议。目前，TMB 的专门机构有标准样品委员会、技术咨询组和技术委员会。

1）标准样品委员会（REMCO）。标准样品委员会成立于 1975 年，每年召开 1 次年会，在各成员国轮流举行。凡是对标准样品委员会工作感兴趣的成员团体，都可以以积极成员（P）或观察员（O）的身份参加，通信成员只能以观察员的身份参加。标准样品委员会（REMCO）现有 P 成员 33 个，O 成员 39 个，直接负责出版 ISO 标准和导则 9 个。标准样品委员会是一个非常重要的专门委员会，它以实物标样的形式向客户提供参考标准，是检验和验证工作不可缺少的手段。标准样品委员会（REMCO）的工作领域涉及物理和化学的各个行业。标准样品委员会的主要任务是：确定标准样品的定义等级和分类，编制目录，供 ISO 使用；确立标准样品的形式结构；制定在 ISO 文件中使用的标样来源选择准则（包括法制方面）；为 ISO 技术委员会制定在 ISO 文件中引用标样的准则；必要时为 ISO 提出在标样方面采取行动的建议；在职责范围内处理与其他国际组织之间有关标样方面的事物，并向技术管理局提出采取行动的建议。

2）技术咨询组（TAG）。技术咨询组的秘书处放在中央秘书处中。TAG 的日常工作由 ISO 中央秘书处承担。各 TAG 的任务完成之后将予以解散，新成立的 TAG 不使用原 TAG 编号。目前，技术咨询组包括：TAG1 卫生保健技术、TAG4 计量、TAG8 建筑。技术咨询组的组件和职责如下：

① 成立这类小组的提案中应包括其权限和组成的建议，同时，切记为了保证其有效运作，在充分代表相关方面同时尽可能限制小组的规模。例如，可以决定，其成员仅由相关技术委员会的主席和秘书构成。无论如何，技术管理局都应决定拟实施的准则，并指定小组的成员。这类小组对其权限、组成或工作方法（适当时）提出的任何变更建议都应提交技术管理局审批。

② 分配给这类小组的任务可包括对出版物（特别是国际标准及技术规范、可公开提供的规范及技术报告）的起草或协调提出建议，但不应包括起草制定这些文件，除非由技术管理局给予特别授权。

③ 咨询组的工作结果应以建议的形式提交到技术管理局。这种建议可

包括为起草出版物成立工作组（见 1.11）或联合工作组（见 1.11.5）的建议。如果组建了这类工作组，它应在相关的技术委员会内工作。

④ 所规定任务一旦完成，或如果随后决定其工作可由正常的联络机构完成，咨询组则应解散。

3）技术委员会（TC）。为开展具体标准的制修订研究工作，ISO 规定，有关方提出一项标准制定工作的要求，成员团体多数不反对成立 1 个专门技术委员会（TC）进行研究，TMB 确信这项工作具有国际重要性，即可授权建立 1 个 TC，并由 TMB 指定 1 个成员团体担任该 TC 的秘书处工作。技术委员会任命 1 名常务主席，任期 6 年。对已获准成立 TC 的课题感兴趣的每个成员团体都有权参加该 TC。第一个技术委员会（TC1）建于 1947 年，目前 ISO 共建 248 个技术委员会，504 个分技术委员会。TC 下设分技术委员会（SC）和工作组（WG）。每个 TC 或 SC 均有 ISO 成员团体承担秘书处工作，工作组不设秘书处，但由其技术委员会指定召集人。（注：当一个 TC 被撤销时，其编号不允许其他 TC 使用。某些 TC 没有研究或可预见性工作项目时，则在 TC 目录中标明“暂停”（STAND-BY），但这些 TC 仍定期复审其负责的 ISO 国际标准）。目前，与核能领域密切相关的技术委员会是 ISO/TC85 核能、核技术与辐射防护技术委员会（Nuclear Energy，Nuclear Technologies，and Radiological Protection），秘书处设在法国的法国国家标准化组织（AFNOR）。到目前为止，TC85 有正式成员 22 个，观察员 25 个，发布标准 226 项，正制修订标准 64 项，中国是 TC85 的正式成员。TC85 的工作范围是核能及其和平应用领域内的标准化。核能包括：发电的核反应堆、研究堆；给堆供料的核燃料；乏燃料后处理；放射性废物的处理、贮存和处置；放射性物质运输。TC85 还涉及与放射性物质及电离辐射有关的（包括医学应用在内）辐射防护以及在材料辐射加工中的剂量测量、环境中放射性测量等。ISO/TC85 下设：

① 一个特别小组：TC85/AG 核安全工作组（Nuclear Safety Advisory Group）；

② 一个主席咨询组（TC85/CAG）；

③ 一个联合工作组：TC85/JWG1 ISO/TS 23406 修订项目联合工作组

（ISO/TC85 和 ISO/CASCO）；

④ 三个直属工作组：

A. TC85/WG1 术语工作组（Terminology）；

B. TC85/WG3 辐射加工剂量测量工作组（Dosimetry for radiation processing）；

C. TC85/WG4 管理系统与达标评估工作组（Management systems and conformity assessment）。

⑤ 三个分技术委员会：

A. TC85/SC2 辐射防护分技术委员会（Radiological protection）；

B. TC85/SC5 核装置、工艺和技术分技术委员会（Nuclear installations, processes and technologies）；

C. TC85/SC6 反应堆技术分技术委员会（Reactor technology）。

TC85/SC2 辐射防护分技术委员会，除了负责制定通常核能利用过程中的辐射防护标准之外，还制定医学应用标准，秘书处设在法国的 AFNOR。目前有 12 个工作组。TC85/SC5 核装置、工艺和技术分技术委员会，负责制定燃料循环过程中核燃料各个阶段的规范和说明，也负责设计、运行和核燃料循环装置相关标准的制定，秘书处设在英国的 BSI，目前有 5 个工作组。TC85/SC6 反应堆技术分技术委员会，是 TC85 在 2004 年重新恢复的一个分技术委员会，主要负责制定反应堆技术标准，由中、德两国作为联合秘书处，秘书处单位为中国的 SAC 和德国的 DIN，目前有 3 个工作组。

① WG 1 动力堆分析与测量工作组（Power reactor analyses and measurements）；

② WG 2 研究堆、试验堆和同位素生产堆工作组（Research, test and isotope-production reactors）；

③ WG 3 动力堆选址，设计，建造，运行和退役工作组（Power reactor, siting, design, construction, operation and decommissioning）。

TC85 在 2018 年 6 月发布的规划中提出了最新的未来标准化工作目标和战略方向：

① 战略方向：ISO/TC85 的根本战略方向为：制定符合用户需求的国际标准，并对其的传播、了解和使用起到强有力的推动效果。

② 目标：

A. 提高参与度，一方面，努力提升 TC85 框架内各个 P 成员和 O 成员 ISO Portal 工作系统的使用度和参与度，另一方面，指导并跟踪各工作组召集人完成对 TC 和 SC 的年度工作报告。此做法将有助于 TC85 的领导层掌握各参与方的参与情况，并据此作出必要情况下的行动计划及对策；

B. 加强联络，ISO/TC85 将会广泛听取用户需求，避免与其他工作的交叉与矛盾；同时，ISO/TC85 将持续关注并增强同全球范围内其他相关机构或组织在官方或非正式条件下的联络工作；

C. 为了综合提升 ISO 标准的整体推进效果，ISO/TC85 需更广泛地宣传并推动其标准和标准化方法。例如，让 TC85 的官方网站及 ISO 现行有效的通用类型文件可以在 ISO 层面得以获取及使用，增强各个现有及潜在的利益相关方之间的互通和合作等。

2.2.1.4　中央秘书处（ISO/CS）

中央秘书处承担全体大会、理事会、3 个政策制定委员会、技术管理局、标准样品委员会的秘书处工作，由秘书长和所需成员组成。秘书处的财务和雇佣条件由 ISO 主席确定。

在内部管理上，ISO/CS 于 1994 年向瑞士质量管理协会（SQA）申请 ISO 9000 质量体系认证，于 1996 年获得 ISO 9002 认证证书。从此，ISO 的组织机构和工作管理在本来已经有章可循的基础上变得更加严密。其突出特点是严格的岗位责任制。ISO 的工作是根据本组织的任务，先确定需要什么岗位，这个岗位需要什么条件的人员，然后再根据这些条件去物色适当的人选。该岗位的级别根据工作的复杂性、责任大小、对外影响重要程度和给本组织带来的效益情况而定。ISO 的经费来源于成员交纳的会费和出版物的销售，因此 ISO 必须高效率地运转，否则理事会或各成员团体都可以行使监督权力。每个岗位的职、责、权、利非常明确，并与工资挂钩。每个人都在自己的任务范围内向秘书长负责。某人一旦上岗之后，他就是该项工作的执行官，他要为自己的对错负责。即使是秘书长，也要自己起草发言稿，秘书只是处理打字等辅助性的工作。这是一种平等的竞争机制，因为上岗人员工作能力和政绩很容易显露出来。在 ISO/CS，常常看到的现象是越高级别的人员加班加点的时间越长，这种特点具有典型性，是市场经济下一个机构得以生存的必要特征。

秘书处的另外一大职责是承接了 ISO 政策制定委员会管辖的原 ISO 信息系统和服务委员会（ISO/INFCO）的职能。INFCO 于 2000 年 10 月召开的第 28 次全体大会是 INFCO 最后一次全体大会，此次大会对 INFCO 政策委员会解散后的一系列工作安排如下：由 ISO 秘书长负责组建一个由 12 人组成的商业政策指导小组，该小组成员在原有 INFCO 管理委员会成员基础上增加一些市场营销人员，旨在就 ISO/CS 采用的商业政策等有关事宜向理事会提出建议，从而保证成员国开展具有高水准的商业活动（包括销售 ISO 标准和销售采标标准）。根据 ISO 理事会第 26 号决议，INFCO 于 2000 年 12 月正式解散，从 2001 年起，INFCO 工作转交给 ISO/CS，具体工作由 ISO/IEC 信息中心负责。INFCO 解散后，其工作计划中的全体大会和研讨会继续作为 ISO 的日常工作，由 ISO/CS 组织，并通过 ISO 在线（ISO online）和世界标准服务网（WSSN）发布信息（ISO 理事会在关于网络大会的决定中提出今后 INFCO 全体大会和研讨会以 ISO 网络大会（ISO Network in Conference）的形式代替，并将其作为 ISO 成员对有关商业、信息、宣传、行政管理及人力资源等事宜进行交流的论坛）。标准国际分类法（ICS）、ISO 信息网（ISO NET）手册、ISONET 指南及 WSSN 的维护工作，检索员的培训工作及成员团体销售统计的制定工作全部转交给 ISO/CS，由秘书长全权负责。涉及商业、销售和行政管理事宜的 ISO 日常会议由 ISO/CS 组织，由秘书长负责。需要指出的是，ISO 理事会解散 INFCO 并不意味着 INFCO 工作的结束或削弱，事实上，ISO 将 INFCO 工作转交给 ISO/CS，是为了加强 INFCO 所承担的各项工作，是一个新的开端。

2.2.1.5 ISO/IEC 联合技术顾问委员会（JTAB）

为保证 ISO 和 IEC 间的技术协调，1995 年成立了一个联合技术顾问委员会（ISO/IEC Joint Technical Advisory Board），简称 JTAB。该委员会的主要作用是：应 ISO 或 IEC 任何一方的要求并经另一方同意，就涉及 ISO 和 IEC 技术合作的专门问题提出建议；审查新的技术领域，以便就该领域应设在哪个组织的问题提出建议，或者作为一项最终方案，成立一个联合的技术机构以保证有效的合作，进而就该机构的名称、工作范围和工作计划向技术管理局（TMB）提出建议；就 ISO/IEC 技术工作导则的维护提出建议。

2.2.1.6 ISO 的官员

ISO 的主要官员包括主席、副主席、秘书长和司库等人。主席人选应考虑地理位置平衡等各种因素，由欧洲、北美、亚洲、大洋洲等地区的代表轮流担任，并由成员团体在全体大会上选举或通信投票方式产生，任期 3 年，不能连选连任。副主席共两位，由全体大会选出，可连任 2 届，其中一位主管政策（任期 2 年），负责协助主席和理事会制定有关 ISO 的基本政策的建议和决议，在主席不能行使职责时代行其职责，如果主席逝世或缺任时由其接任，直到新主席选出；一位主管技术（任期 3 年），负责主持技术管理局的工作。秘书长由理事会任命，任期不定，是中央秘书处的领导人，也是代表本组织的签署人，有参加各种会议并发表意见的特权，但不具有投票权。司库是 ISO 的财务负责人，由理事会任命，任期 3 年，应就所有财政事务向理事会提供咨询，并将其对经过审核的年度财务决算报告的意见提交理事会，应协助秘书长准备并提出年度预算、经管本组织财务，应向全体大会提交年度财务审核报告，理事会有权用 3/4 理事会成员国的赞助票数随时结束对司库的任命。

2.2.2 技术委员会的运作

ISO 将制定标准的职责按专业或领域分别赋予其不同的技术委员会（TC）或分技术委员会（SC，分委会），在标准的制定和维护过程中，以技术委员会为核心，标准的需求方、技术专家和利益相关方围绕技术委员会开展相关的标准制修订和协调工作。

2.2.2.1　委员会的建立

在技术委员会的组建方面，总的来说，ISO 规定只要有关方提出一项标准制定工作的要求，成员团体多数不反对成立 1 个专门技术委员会（TC）进行研究，且 TMB 确信这项工作具有国际重要性，即可授权建立 1 个 TC，并由 TMB 指定 1 个成员团体担任该 TC 的秘书处工作。对已获准成立 TC 的课题感兴趣的每个成员团体都有权参加该 TC。TC 下设分技术委员会（SC）和工作组（WG）。每个 TC 或 SC 均有 ISO 成员团体承担秘书处工作，工作组不设秘书处，但由其技术委员会指定召集人。（注：当一个 TC 被撤销时，其编号不允许其他 TC 使用。某些 TC 没有研究或可预见性工作项目时，则在 TC 目录中标明“暂停”（STAND-BY），但这些 TC 仍定期复审其负责的 ISO 国际标准）。具体的机制如下所属。

具体而言，任何组织都可以根据需要，提出建立新技术委员会及新技术活动领域工作的项目提案，这些组织包括：国家成员体、技术委员会或分委员会、政策委员会、技术管理局、首席执行官、在组织（ISO 或 IEC）支持下运作的负责管理认证体系的机构、另一个国际组织及其国家成员体。具体程序如下：

1）需求方使用适当的表格（见 ISO/IEC 导则各相应补充部分）提出提案，提案的内容包括：

① 提交提案者；

② 提出的主题；

③ 提出的业务范围和提出的初始工作计划；

④ 提案的论证；

⑤ 如果适用，提供在其他机构所开展的类似工作的调查报告；

⑥ 认为与其他机构联络的必要性。

2）该表格提交给首席执行官办公室。首席执行官收到提案后应立即与相关方进行磋商，包括与技术管理局主席磋商。必要时，可建立一个特别工作组对该提案进行审查。根据磋商，首席执行官提出的意见及建议应填写到提案表格中。

3）CEO 办公室应将提案分发给各组织（ISO 或 IEC）的所有国家成员体，询问他们是否支持成立新的技术委员会，是否打算积极参与新技术委员会的工作。该提案还应提交给其他组织（IEC 或 ISO）征询意见并达成协议。最终的建立和解散技术委员会是由技术管理局负责的。经与相关技术委员会协商后，技术管理局也可将现有的分委员会转换成新的技术委员会。技术管理局对答复进行评价，决定建立一个新的技术委员会，条件是：

a）参加投票表决的国家成员体中 2/3 赞成此项提案；

b）至少有 5 个国家成员体表达了其积极参加活动的意向，并分配秘书处。

一个新的技术委员会在其成立之后，应就其名称和业务范围尽快形成一致意见。业务范围是明确界定一个技术委员会工作限制的书面声明。定义技术委员会的业务范围应以“……的标准化”或“……领域的标准化”句子开始，措辞应尽可能简明。定义技术委员会的业务范围不应提及国际标准化的总目标，也不应重复所有技术委员会的工作管理原则。如果有必要指出某些问题不包括在技术委员会业务范围内，这些问题则应列在业务范围的末尾处，并冠以“不包括……”一词。达成一致意见的名称和业务范围应由首席执行官提交技术管理局批准。技术委员会或技术管理局可以提出修改技术委员会名称和业务范围的建议，修改的措辞应由技术委员会确定并由技术管理局批准。

2.2.2.2 分技术委员会的建立

技术委员会通常会设立分技术委员会（分委会），相当于在该标准子体系下进一步划分出子子体系。分委会由母技术委员会（其所属的上一级技术委员会）参加投票的 P 成员的 2/3 多数决定，经技术管理局批准，建立和解散分委员会。只有当某一国家成员体表示愿意承担秘书处工作的条件下方可建立分委员会。分委员会建立时，应该至少包括 5 个表示愿意积极参加分委员会工作的母技术委员会成员。分委员会的名称及业务范围应由母技术委员会决定，并应包括在已确定的母技术委员会业务范围内。

2.2.2.3 工作组的建立

技术委员会或分委员会可为完成专项任务成立工作组。工作组应通过母技术委员会指定的召集人向母技术委员会或分委员会报告工作。工作组是由母委员会的P成员、A类联络组织和C类联络组织分别指派的有人数限制的专家组成，旨在共用处理分配给工作组的特定任务。专家以个人身份工作，而不是作为指派他们的P成员或A类或C类联络组织的官方代表。但建议他们与指派他们的P成员或组织保持密切联系，以便将工作组的工作进展情况和各种意见，尽量在早期阶段通报给P成员或组织。工作组的规模通常会予以合理限制。技术委员会或分委员会可决定专家的总数，也可决定每个P成员指派专家的最多人数限制。

一旦做出成立工作组的决定，应正式通知P成员及A类联络组织和C类联络组织，以便指派专家。当委员会在其会议上决定成立工作组时，应立即指定召集人或代理召集人，召集人或代理召集人应安排在3个月内召开第1次工作组会议。委员会会议结束后应立即将上述信息通报给技术委员会P成员，A类联络组织和C类联络组织，并邀请他们在6个星期内指派专家。其任务一旦完成〔通常是在询问阶段结束时〕，工作组即应解散，项目负责人继续承担顾问工作，直至出版阶段完成。在特殊情况下可组建联合工作组（JWG），承担多个ISO和/或IEC技术委员会或分委员会感兴趣的特殊任务。建立联合工作组的决定应附有委员会之间的协议。

2.2.2.4 咨询小组的建立

技术委员会或分委员会可成立具有咨询职能的小组，帮助委员会主席和秘书完成与协调、策划及指导委员会工作或其他具有咨询特性的具体任务。成立咨询组的提案中应包括关于咨询组的组成建议。为保证其有效工作，在尽可能限制其规模的同时要切记充分代表利益相关方的要求。咨询组成员应由国家成员体指派，母委员会应最终批准咨询组的组成。分配给这类小组的任务可包括提出有关起草或协调出版物（特别是国际标准、技术规范、可公开提供的规范及技术报告）的建议，但不应包括起草这些文件的任务。咨询组应以建议的形式将其成果提交给成立该小组的上级机构。建议中可包括为起草出版物成立工作组或成立联合工作组的提案。被指定的任务一旦完成，咨询组即宣布解散。

2.2.2.5 特别工作小组的建立

技术委员会或分委员会可成立特别工作组，研究某一特定问题。该小组应在本次会议或最迟在下一次会议上向其母委员会报告其所研究的问题。特别工作组成员应从出席母委员会会议的代表中选出，如有必要，可由委员会指派专家给以补充。母委员会还应指定一名起草报告的人员。特别工作组在会议上提交报告后应自动解散。

2.2.2.6 编辑委员会的建立

技术委员会通常会成立一个或多个编辑委员会，以便更新和编辑委员会草案、询问草案和最终国际标准草案，确保这些文件符合 ISO/IEC 导则第 2 部分的有关要求。这种委员会至少应包括：

a）一位以英语为母语并具有一定法语知识的技术专家；

b）一位以法语为母语并具有一定英语知识的技术专家；

c）项目负责人。

项目负责人和/或秘书可直接负责一种相关语言的文本。

为更新和编辑已经以通信方式通过的草案以便进一步处理，若相关技术委员会和分委员会提出要求，编辑委员会应举行会议。编辑委员会应拥有处理电子文本和提供计算机可读形式的最终文本的手段。

2.2.2.7 对利益相关方权益的保障

在委员会的运作上，ISO 充分考虑了对利益相关方权益的保障。所有的国家成员体都有权参加技术委员会和分委员会工作，国家成员体有责任有效、及时地组织国内提交的意见，要考虑到国内各相关方的利益。国家成员体也可以选择既不作为某一技术委员会的 P 成员也不作为其 O 成员，在这种情况下，该国家成员体对该技术委员会工作既无以上规定的权利也不承担上述义务。但是，所有国家成员体不管其在技术委员会或分委员会中的身份如何，都有权对国际标准的询问草案和最终草案进行投票。同时，为了获得最高的工作效率，也要求维护必要的工作纪律，各个国家成员体都应针对每个技术委员会和分委员会的情况向 CEO 办公室明确表示它是否打算：

a）积极参加其中的工作，履行对技术委员会或分委员会内正式提交投票的所有问题、询问草案和最终国际标准草案进行投票以及参加会议的义务（P 成员）；

b）或者，以观察员身份跟踪工作，因此收到委员会文件并有权提出评论意见和参加会议（O 成员）。

分委员会一样保障各成员的权益，其成员资格对母技术委员会的 P 成员和 O 成员开放，技术委员会的 O 成员在分委员会中可作为 P 成员，但不改变其在母技术委员会中的身份。在分委员会成立之际，应该为技术委员会成员提供机会表示他们成为分委员会 P 成员或 O 成员的意向。技术委员会成员不意味着自然成为分委员会成员，因此要求技术委员会的相关成员通告其打算成为分委员会身份的愿望。国家成员体可在任何时间开始或结束或改变其在技术委员会或分委员会中的成员身份，但必须通知 CEO 办公室或相关技术委员会秘书处。

2.2.2.8 对纪律的要求

技术委员会和分委员会在保障利益相关方权益的同时，也同样强调纪律。成员若出现以下两种情况，会遭受处罚：

a）如果技术委员会或分委员会的某 P 成员一直不积极并且连续两次既没有直接参加也没有以通信方式为会议做出贡献，或者对技术委员会或分委员会内提交投票的问题（诸如新工作项目提案）没有投票，那么该技术委员会或分委员会的秘书处应通知首席执行官办公室。首席执行官办公室一旦收到这种通知，首席执行官应提醒国家成员体有义务积极参加技术委员会和分委员会活动。如果该团体对此提示没有做出令人满意的反应，该国家成员体的身份应自动降为 O 成员。这样改变身份的国家成员体在 12

个月之后可以向首席执行官表明其希望重新成为该技术委员会 P 成员的愿望，在这种情况下，可以批准其为 P 成员。

b）如果某技术委员会或分委员会的 P 成员没有参加对相关委员会起草的询问草案和最终国际标准草案投票表决，首席执行官应提醒该国家成员体具有投票表决的义务。如果对该提示没有做出令人满意的反应，则该国家成员体应自动降为 O 成员。这样改变身份的国家成员体在 12 个月后可以向首席执行官表明其重新成为该委员会 P 成员的愿望，在这种情况下，可以批准其为 P 成员。

2.2.2.9 对主席和秘书处的要求

在技术委员会的组织架构中，技术委员会主席负责全面管理其技术委员会的工作，其中包括各分委员会和工作组的工作。技术委员会秘书处则对相应的技术委员会或分委员会提供技术或行政服务，确保 ISO/IEC 导则、理事局和技术管理局决定得到执行。同时，秘书处负责监督、报告并确保工作有效发展。基于主席和秘书处承担的上述职责，因此 ISO 的标准化运行模式中，很重要的一条就是确保主席和秘书处的公正性，因此要求主席以纯粹的国际身份工作，放弃他/她的本国观点，同时他/她不能在其委员会内同时作为国家成员体的代表；秘书处同样应以纯粹的国际身份办事，放弃所属国家的观点。

在保持公正的基础上，技术委员会或分委员会主席承担如下职责：

1）指导技术委员会或分委员会秘书履行其职责；

2）召集会议，统一对委员会草案的意见；

3）保证在会议上充分归纳发表的各种观点，使所有与会者都能理解这些观点；

4）保证在会议上明确阐述所有决定，并由秘书提供书面文件，以便在会议期间进行确认；

5）在询问阶段做出适当的决定；

6）就技术委员会的重要事项通过技术委员会秘书处向技术管理局提出建议。

秘书处则要求确保按时完成如下各项工作：

1）准备委员会草案，安排草案的分发，并负责处理收到的评论意见；

2）筹备会议，包括：

a. 建立会议议事日程，并安排分发；

b. 安排分发会议议事日程中列出的所有文件，包括工作组报告，并指明会议期间需要讨论的所有其他文件；

c. 编制会议议事日程中所列文件的评论意见汇编；

3）记录会议上做出的所有决定，并将这些决定整理成书面文件，以便在会议期间得到确认；

4）编写会议记录；

5）准备向技术管理局（TC 秘书处）或向母技术委员会（SC 秘书处）提交的报告；

6）准备询问草案和最终国际标准草案。

2.2.2.10　组织间的联络和协调

1）ISO 内部的委员会之间的联络和协调

每个工作在相关领域的技术委员会及/或分委员会间应建立并保持联络关系。需要时，还要与负责标准化（如术语学和图形符号）基础工作的技术委员会建立联络关系，联络中还应包括基础文件（包括新工作项目提案和工作草案）的交换。

保持上述这种联络关系的职责被赋予了相关技术委员会秘书处。技术委员会秘书处可将这项任务委托给分委员会秘书处。技术委员会或分委员会可指派一名或若干名观察员跟踪另一个与其建立联络关系的技术委员会或其所属的一个或多个分委员会的工作，应将这些观察员的姓名和地址通知有关的委员会秘书处，该秘书处应将所有相关的文件传递给观察员及其所属的技术委员会或分委员会秘书处。被指派的观察员应向指派他为观察员的秘书处提交工作进展报告。这些观察员应有权参加指派跟踪其工作的技术委员会或分委员会会议，但他们不应有表决权。他们可以参加会议讨论，包括就其自己技术委员会权限内的相关事宜提交书面意见。如果他们提出要求，还可参加该技术委员会或分委员会的工作组会议。

2）与 IEC 之间的联络和协调

ISO 和 IEC 技术委员会和分委员会之间保持了积极的联络和沟通，相互之间签署有联络协议，而这种适当联络是十分重要的。ISO 和 IEC 技术委员会和分委员会之间建立联络关系的通信渠道是两组织的 CEO 办公室。就两组织所研究的新课题而言，每当某一组织考虑一个新的或修订的工作计划并且另一个组织可能对其感兴趣时，CEO 就力求使两个组织间达成协议，从而使此项工作不出现重叠或重复等现象。

由 ISO 或 IEC 指派的观察员有权参加其跟踪的另一个组织的技术委员会或分委员会的讨论，可以提交书面意见，但他们没有表决权。

3）与其他组织的联络

ISO 同样重视与其他组织的联络和协调，甚至要求在工作初期阶段就应考虑对联络的需求。但 ISO 为了有效果，要求联络应该双向运行，并签订互惠协议。对于可能涉及的版权，无论版权归联络组织所有，还是归其他方所有，联络组织应接受根据 ISO/IEC 导则的有关版权的政策。应将版权政策声明提供给联络组织并要求联络组织就其可接受性提出明确说明。合作组织无权收取提交的文件的费用。这也就是意味着同意与 ISO 合作的联络组织应同意 ISO/IEC 程序，包括知识产权（IPR）和有关专利权的要求。

在技术委员会/分委员会层面的联络方面，ISO 将其分为 A 类和 B 类：A 类——在技术委员会或分委员会解决问题上，对技术委员会或分委员会工作做出有效贡献的组织。这类组织收到所有相关文件，并被邀请参加会议，它们可以指派专家参加 WG/PT 会议；B 类——已表明希望了解技术委员会或分委员会工作的组织。这类组织可收到技术委员会或分委员会的工作报告。这些类联络组织应该是从事类似或相关领域工作或对其感兴趣的国际或区域组织。技术委员会和分委员会应寻求联络组织对于其感兴趣的每份文件给予全面的支持，如果可能，给予形式上（正规）的支持。首席执行官在与相关技术委员会和分委员会秘书处磋商后决定建立联络关系。应统一记录联络关系建立情况并报告给技术管理局。而为了保持联络的必要性和应对新情况，技术委员会和分委员会应对他们所有联络协议定期进行复审，至少2年复审一次或在委员会的每次会议上进行复审。

在工作组/项目组层面的联络方面，ISO将其定位为C类联络，即为工作组、维护组或项目组做出技术贡献并积极参加其工作的组织。这一类的联络组织可包括制造商协会、商业协会、工业集团、用户集团和专业和科学协会。联络组织应是多国的（根据他们的目的和标准制定活动），包括个人、公司或国家成员，可以是长期或短期的。联络组织在其所确定的领域内，其能力应在相关技术部门或下属部门中具有充分的代表性。同时要求联络组织应自愿为ISO或IEC做出适当的贡献。ISO为了统一管理对外联络，要求由委员会秘书将C类联络组织提交给技术管理局进行批准，并要指明相关工作组/项目组/维护组。所提交的材料应包括建立这种联络的理由以及有关联络组织是否满足上述接受准则的说明。委员会秘书负责管理C类联络组织。技术委员会和分委员会应对他们所有联络协议定期进行复审，至少2年复审一次或在每次委员会会议上进行复审。作为回报，ISO规定C类联络组织有权作为全权成员参加工作组或项目组，C类联络组织可以指派专家作为他们的正式代表而参加工作。

2.2.2.11　委员会的工作计划

除了前文所述的标准制定和维护这一主要职责外，ISO规定每个技术委员会都应为其专业领域活动制定工作计划。在制定工作计划过程中，每个技术委员会或分委员会都应考虑行业规划的需求，以及外部技术委员会对国际标准的需求，即其他技术委员会、技术管理局咨询组、政策级委员会及ISO和IEC以外的组织对国际标准的需求。计划的内容包括：1）面临的商业环境；2）指明工作计划中正在拓宽的领域，已经完成的领域，接近完成或稳步发展的领域，以及没有进展而应该撤销的领域；3）评价需要修订的工作；4）提出对新需求的展望。技术委员会正式商定这一战略计划后，需要纳入技术委员会报告中以供技术管理局定期复审和批准。而技术委员会的上述职责和工作，实际上起到了标准体系的规划作用。

技术委员会或分委员会的工作计划中应包括所有分派给该技术委员会

和分委员会的项目，其中包括对出版的标准的维护。一个项目是促使一个新的、修改或修订的国际标准出版的任何工作。一个项目可再细分成若干子项目。对于一个项目，只有其建议根据相关程序被接受，方可开展工作。而项目应限制在技术委员会通过的范围内，项目的选择应依据 ISO 和 IEC 的政策目标和资源进行仔细推敲。

2.2.2.12 对项目的管理

技术委员会或分委员会秘书处负责管理该技术委员会或分委员会工作计划中的所有项目，包括对已达成一致同意的目标日期的进展情况进行监督。ISO 从以下几个方面对它的管理进行了统一规定。

对每个项目进行统一编号管理。对工作计划中的每个项目都应给一个编号，并应将这个编号保留在工作计划中直至该项目完成，或直至同意撤销该项目为止。之后，如果技术委员会或分委员会认为有必要把一个项目分成若干子项目，则可给每个子项目一个分编号。子项目应被完全涵盖在原项目的业务范围之内，否则应提交一个新的工作项目提案。

对于每个项目的制定，指定一名项目负责人（Project Leader，PL）。技术委员会或分委员会应在考虑新工作项目提案起草人提名的基础上指定项目负责人（WG/PT 召集人、指派的专家，或如果认为适当，秘书处项目经理）。应确定项目负责人能够获得开展制定工作的适宜资源。当对提案阶段到出版阶段产生的技术问题提出要求时，项目负责人应做好充当顾问角色的准备。项目负责人向相关委员会作报告工作。秘书处则将项目负责人的姓名、地址及相关项目的编号报送 CEO 办公室。如同前面所说的对主席和秘书处的要求，ISO 要求各个项目负责人也应从纯粹的国际立场出发，放弃其国家的观点。

加强对项目的执行状态的控制。技术委员会或分委会对其工作计划内的全部项目的管理有明确的进度控制要求，要求确定工作计划中的每个项目每一阶段完成的目标日期，以保证时效性。对于工作计划中的每个项目，技术委员会或分委员会应确定完成下列每个阶段的目标日期：1）完成工作草案（如果新工作项目提案的起草人只提供工作文件大纲）；2）分发第1委员会草案；3）分发询问草案；4）分发最终国际标准草案（经CEO办公室同意）；5）出版国际标准（经CEO办公室同意）。考虑到快速制定国际标准的需要，这些目标日期应适应尽可能短的制定时间，并应向CEO办公室报告，由CEO办公室向各国家成员体发送相关信息。在确定目标日期时，应考虑项目之间的关系。应优先考虑作为其他国际标准实施基础的国际标准制定项目。对于技术管理局认可的对国际贸易有重要影响的项目应给予最优先考虑。为了保证工作的时效，ISO建议：提供工作草案（如果没有提供提案），6个月；提供委员会草案，12个月；提供询问草案，24个月；提供批准草案，33个月；提供出版的标准，36个月。

ISO会对所有的目标日期经常进行复审，必要时应进行修改，并在工作计划表中予以清楚地标明，修改后的目标日期应通知技术管理局。对于工作计划表中5年以上尚未达到批准阶段的所有工作项目，技术管理局将予以撤销。对于进展中的项目，分委员会和工作组或项目组应定期向技术委员会报告项目的进展情况。对于不能在目标日期内完成工作的项目，并对此项工作没有给予充分的支持（即不再符合新工作接受要求），负责委员会应撤销这个工作项目。CEO办公室负责监督所有工作的进度，并定期向技术管理局汇报有关情况。

2.2.2.13 对会议的管理

只要可能，技术委员会或分委员会就应使用现代电子手段开展工作，只有需要讨论委员会草案（CD）或其他以通信方式无法解决的重要事宜时，才应召开技术委员会或分委员会会议。

技术委员会秘书处应为制定本委员会（如果可能，包括其工作组）至少2年的会议计划作好准备，在计划的编制中应与CEO办公室协商并考虑他们的工作计划。在制定会议计划时，应考虑相关专业技术委员会或分委员会一起召开会议的好处，这样可以增进交流，减少参加若干个技术委员会或分委员会会议代表的参会负担。在制定会议计划时，应考虑技术委员会或分委员会会议结束后在同一地点立即召开编辑委员会会议，将有利于加快草案的制定工作。

对于技术委员会和分委员会会议，召开会议的日期和地点应由相关技术委员会或分委员会主席和秘书处、首席执行官及承办会议的国家成员体共用商定。如果分委员会召开会议，分委员会秘书处首先应与母技术委员会秘书处协商，确保会议的协调一致。秘书处应做好日程安排，保证会议日程在会议召开前的 4 个月前（在 IEC）由 CEO 办公室分发或（在 ISO）由秘书处分发并抄送 CEO 办公室。所有其他的基础性文件，例如新工作项目建议也应在同一截止日期前分发。只有那些在召开会议前至少 6 周前已经得到意见汇编的委员会草案才能纳入会议日程，并可在会上进行讨论。所有其他工作文件，包括拟在会上进行讨论的草案评论意见汇编，应在会前至少 6 周前分发。

对于工作组会议，工作组应尽可能使用现代电子手段开展工作（如电子邮件、远程电话会议）。当需要举行会议时，工作组会议的召集人应在会前至少 6 周前将通知寄给其成员和母技术委员会秘书处。会议的准备工作应由会议召集人和会议承办国工作组的成员共用承担，后者负责所有实际工作的安排。如果工作组会议与母技术委员会工作会议联合召开，则会议召集人应与母技术委员会秘书处协调安排。特别应确保工作组成员能够收到分发给母技术委员会会议代表的所有一般性会议资料。

2. 2. 2. 14　申诉制度

为了保持公正的公正性，ISO 建立了申诉机制。ISO 规定在做出有关决定的 3 个月内，国家成员体有权提出申诉。对任何申诉案例，理事会做出决定，则都成为最终裁决。

申诉的类型，分为如下几种：

1）就分委员会的决定向母技术委员会提出申诉；

2）就技术委员会的决定向技术管理局提出申诉；

3）就技术管理局的决定向理事会提出申诉。

申诉的前提，是技术委员会或分委员会的 P 成员认为该技术委员会或分委员会的行为不妥当，则他可以对其提出申诉。这些不妥当的行为包括：

1）不符合章程和程序规则；

2）不符合 ISO/IEC 导则；

3）不利于国际贸易和商务，或诸如安全、卫生或环境等公共因素。

申诉的问题，可以是技术性的或行政管理性的。若是对涉及新工作项目提案、委员会草案、询问草案及最终国际标准草案的决定进行的申诉，仅当“涉及原则问题”或者“草案的内容有损于 ISO 或 IEC 的声誉”时，才能予以考虑。

对于提出的申诉，ISO 要求将所有申诉编制成正式文件，以支持 P 成员的意见。

当对分委员会决定的进行申诉时，申诉文件应由 P 成员提交给母技术委员会秘书处，并抄送首席执行官。母技术委员会秘书处一收到申诉文件，就应将申诉信息通知其所有 P 成员并立即采取行动，以通信方式或召开会议方式对申诉内容进行研究并做出决定。在此过程中应与首席执行官进行磋商。如果技术委员会支持其分委员会，那么提出申诉的 P 成员可以采取下列任一举措：

a. 或者接受技术委员会的决定；

b. 对决定提出申诉。

当对技术委员会决定的进行申诉，这一层面的申诉可有 2 种情况：1）起因于上述对分委员会决定的进行申诉；2）对技术委员会的原始决定申诉。在程序上，在任何情况下，申诉文件应提交首席执行官，并抄送技术委员会主席和秘书长。首席执行官进行他认为适宜的协商后，应在收到申诉文件后的一个月内，将申诉及其意见提交技术管理局。技术管理局将决定是否对申诉做进一步处理。如果决定予以处理，技术管理局主席应组织一个调解小组。调解小组应在 3 个月内听取申诉意见并努力地尽快解决意见分歧。协调小组应在 3 个月内提出最终报告。如果调解小组没有成功地解决意见分歧，应向首席执行官报告这一情况，并就如何解决这一问题提出建议。收到调解小组的报告后，首席执行官应通知技术管理局，由技术管理局做出决定。

当对技术管理局决定的进行申诉时，应连同案件各阶段的全部文件一起提交给首席执行官。首席执行官应在收到申诉文件后 1 个月内，将申诉文件及他对申诉的评论意见一起提交给理事会成员。理事会应在 3 个月内做出决定。

如果提起的申诉是针对正在进行的工作时，该项工作应继续，直至进入批准阶段。

2.3 标准的制定

2.3.1 标准体系

ISO 的标准建设是基于各成员国的需求并依赖成员国的申请新项目而开展的，因而它的标准体系是在标准累计到一定程度后而形成的。在标准体系规划方面，整体来说，ISO 的标准体系结构是没有深入规划的，但也有其运作方式和特点：首先，在总体上按照“国际标准分类法”分为若干行业或专业；其次，在各个专业领域又取决于相关的专业技术委员会的建立。ISO 众多的技术委员会、分委会、工作组这些相当于我国的标准体系设计，决定了 ISO 的大致的标准体系结构的划分和设置，如前文所描述的 TC85 核能技术委员会为例，可呈现其标准体系的构成，如图 2-2 所示。应注意的是 ISO 对于建立技术委员会是基于需求的角度，以开放的态度来对待；最后，在具体的标准设置上，一方面，ISO 的技术委员会、分委会、工作组也会通过工作计划的方式予以规划，另一方面则是基于成员国的需求，以需求为导引制定相关的标准。

2.3.2 标准制修订工作程序

ISO 标准运行模式的核心是它的标准工作程序。ISO 的 TC 联合制定的《ISO/IEC 导则　第 1 部分：技术工作程序》中对标准制定的形式、程序、

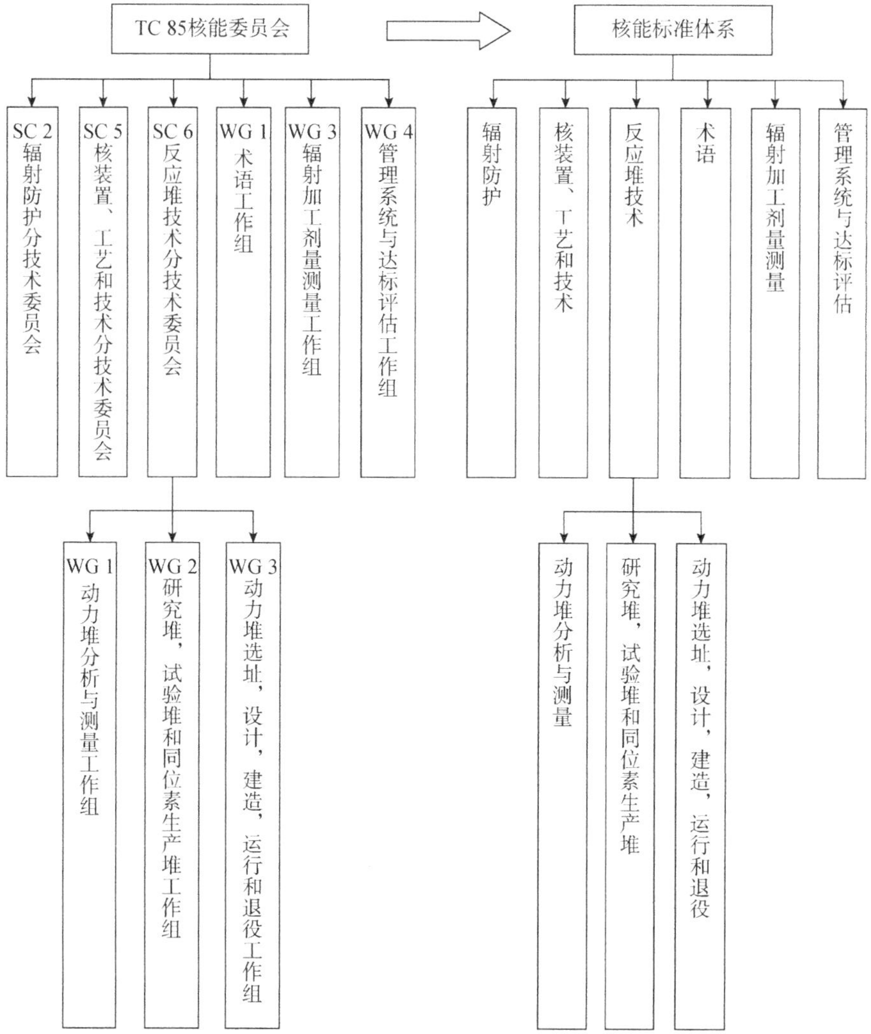

图 2-2 ISO ISO/TC85 组成与其标准体系的对应关系

批准发布及出版做出了详细的规定。ISO 和 IEC 将标准（包括：1）新标准；2）现有标准的 1 个新部分；3）现有标准或部分的修订；4）现有标准或部分的修改；5）技术报告。）的制定过程分为 7 个阶段，快速通道程序则可简化其中的数个环节，见表 2-1。

表 2-1　标准制定过程

项目阶段	有关文件	
	名称	缩写
预阶段	预工作项目	PWI
提案阶段	新工作项目提案	NP
准备阶段	工作草案[1]	WD
委员会阶段	委员会草案[1]	CD
询问阶段	询问草案	ISO/DIS；IEC/CDV
批准阶段	最终国际标准草案[1]	FDIS
出版阶段	国际标准	ISO、IEC 或 ISO/IEC

1）这些阶段将可能省去。

上述流程也可简单描述为图 2-3 所示的过程。

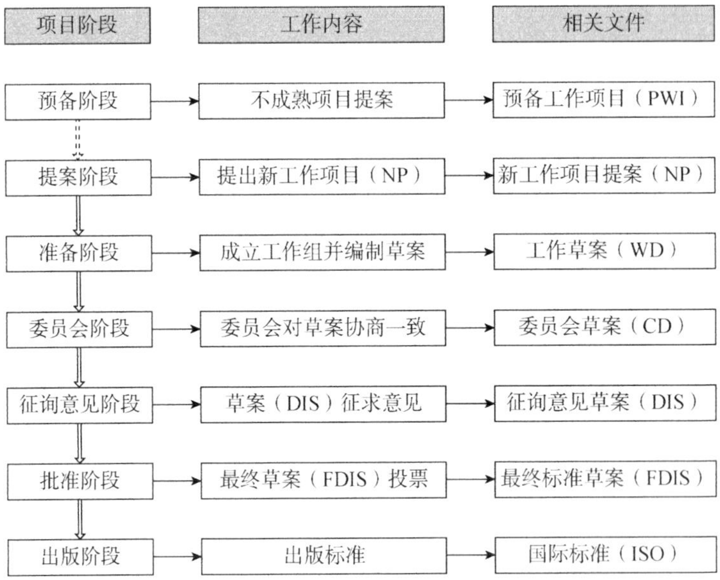

图 2-3　ISO 标准制定流程

2.3.2.1　预阶段

预阶段是专门针对 PWI 的，而 PWI 是尚未成熟而不能进入后续阶段的工作项目，或目标日期不能确定的项目。这类项目中可包括战略计划中列出的那些项目，特别是在“对新需求的展望”中所列的项目。

如前文所述，ISO 的一个项目是指促使一个新的、修改或修订的国际标准出版的任何工作。这些项目限制在技术委员会通过的范围内，而项目的选择应依据 ISO 和 IEC 的政策目标和资源进行仔细推敲。对于一个项目，只有其建议根据相关程序被接受方可开展工作。

对于所有的预工作项目，有关委员会都应给予定期复审。委员会应对每个预工作项目所需要的资源进行评价。通过其 P 成员的简单多数表决，技术委员会或分委员会可将尚不完全成熟、不能进入下一阶段处理的预工作项目（例如涉及新兴技术的项目）纳入工作计划中。但所有这类项目在进入准备阶段前，都应经过按新工作项目提案阶段所规定的程序的批准。

基于同样的考虑，预阶段也可用于预研新的工作项目提案并制定初始草案。

2.3.2.2　提案阶段

相比预阶段，一些成熟的项目或能明确目标日期的项目则可作为新工作项目提案（NP）进入提案阶段。所谓新工作项目提案可以是下列任一内容的建议：

a. 一个新标准；

b. 现行标准的一个新部分；

c. 在 ISO 中，对现行标准或部分的修订；

d. 在 ISO 中，对现行标准或部分的修改；

e. 技术规范或可公开提供的规范。

若这些 NP 属于现有技术委员会或分委员会的范围，新的工作项目提案可由下列相关组织提出：

a. 国家成员团体；

b. 技术委员会或分委员会秘书处；

c. 另一个技术委员会或分委员会；

d. 联络组织；

e. 技术管理局或其一个咨询组；

f. 首席执行官。

对于每个新工作项目提案，均要求使用适当表格提交（应在表格中注明建议出版的日期），并应经过充分论证。同时，要求新工作项目提案的提议人应尽量提供第一工作草案供讨论或至少应提供这种工作草案大纲，并提出一名项目负责人。填写好的表格应分发给技术委员会或分委员会成员，供 P 成员进行书面投票，供 O 成员参考。可以用通信方式也可在技术委员会或分委员会会议上对一项新的工作项目提案做出决定。投票时间要求在 3 个月内，或在相关会议上提交投票。如果拟在会议上对一个新工作项目提案做出决定，还应根据规定的条件将此案写进议事日程上。在投票环节，ISO 规定了统一的答复表格，并提出了国家成员体应考虑的投票原则。同意积极参与工作的 P 成员应用适当表格指派一名或若干名专家。

当投票和答复结果满足以下两个要求，项目即被接受：

a. 参加投票的技术委员会或分委员会 P 成员的简单多数批准工作项目。

b. 参加工作项目投票的 5 个 P 成员承诺积极参与项目制定工作（各委员会可提高这一最低要求），例如在准备阶段通过指派技术专家和对工作草案提出评论意见做出有效贡献。

一个新工作项目提案一旦被接受（一致同意的目标日期要求在相关表格中注明），就将作为一个新项目以适当的优先顺序纳入相关技术委员会或分委员会的工作计划中，并在 CEO 办公室注册。工作项目被纳入工作计划后，提案阶段即告结束。

2.3.2.3 准备阶段

ISO 的准备阶段也就是项目的正式启动阶段，需要成立工作组或项目组，制定负责人和参与人员，并依据 ISO/IEC 导则第 2 部分的要求准备工作草案（WD）。

秘书处可在会议上或以通信方式向技术委员会或分委员会提出成立工作组或项目组的建议。这样的工作组应由技术委员会或分委员会负责建立，技术委员会或分委员会应规定工作组的任务，并确定向技术委员会或分委员会提交草案的目标日期。工作组或项目组的召集人应保证所开展的工作仍是投票时所确定的工作项目。

通常情况下，工作组的召集人担任项目负责人职务。项目负责人应负责项目的制定工作，通常还负责召集和主持所有工作组会议。项目负责人应与P成员在批准期间指定的专家一起工作。在答复建立工作组或项目组的建议时，表示同意积极参与的每个P成员应确认其技术专家。其他P成员或A-或C-类联络组织也可指派专家。项目负责人可邀请工作组或项目组一名成员担任秘书。

若前文所述，ISO为了避免项目拖延，规定本阶段的时间限制为6个月。当工作草案作为委员会第一草案（CD）分发给技术委员会或分委员会成员时，CEO办公室负责登记，准备阶段即告结束。委员会还可决定将最终工作草案作为可公开提供的技术规范（PAS）出版，以满足市场的特定需求。

2.3.2.4 委员会阶段

委员会阶段是考虑国家成员体意见的主要阶段，旨在技术内容上达成一致。委员会阶段也就是广泛征求意见的阶段，是前文所述的标准对工作机制特征要求中的满足利益相关方的诉求的咨询和保障环节，因此国家成员体会认真研究委员会草案文本并在本阶段提交所有相关评论意见。委员会阶段的工作程序主要如下。

一旦得到委员会第一草案（对应于我国的征求意见稿），将立即分发给技术委员会或分委员会的P成员及O成员进行研究考虑，并明确注明提交答复的最迟日期（国家成员体对委员会第一草案评论的时间应为3个月）。成员在反馈意见时，要求其充分考虑并代表所在国家的立场，并根据给定的说明提交评论意见，以便进行汇编（如同我国的标准意见反馈表）。

征求意见结束后的规定时间内，也就是答复日期截止后的4个星期内，秘书处应准备好意见汇编，并将其分发给技术委员会或分委员会的所有P成员及O成员。在准备汇编的过程中，秘书处应与技术委员会或分委员会主席协商，如有必要应与项目负责人协商，提出下列三种形式之一的反馈意见处理结果：

a. 在下次会议上讨论委员会草案及评论意见；

b. 分发修改后的委员会草案，供研究；

c. 注册询问阶段用委员会草案。

在b和c情况下，秘书处应在评论意见汇总报告中说明针对收到的每条评论意见采取的措施。在将修改的CD提交给委员会考虑（在b情况下）之前将这些信息提供给所有P成员，或者在向CEO办公室提交最终草案进行询问阶段注册时（在c情况下）同时提供。必要时通过分发修改的评论意见汇总报告方式提供。

如果在分发之日起的两个月内，2个或更多的P成员不同意秘书处在b或c项中提出的建议，应在会议上讨论委员会草案。如果经过会议研究未对委员会草案达成一致意见。应综合会议上的各项决定形成另一草案，在3个月内予以分发考虑。应为国家成员体提供3个月时间对该草案及后续的任何文本进行评论。技术委员会或分委员会中的P成员达成协商一致。或做出撤销或推迟这个项目的决定以前，应一直对连续草案文本进行研究。

ISO规定，应在协商一致的原则基础上做出分发询问草案的决定。为了判断该草案是否得到足够的支持，技术委员会或分委员会主席有义务先与项目负责人进行协商（若有必要），然后与技术委员会或分委员会秘书进行协商。而所谓协商一致，ISO/IEC指南2给出的定义如下：总体同意，其特点在于利益相关方的任何重要一方对重大问题不坚持反对立场，并具有寻求考虑所有相关方的意见和协调任何冲突的过程，但协商一致不意味着一致同意。在ISO中，假如对协商一致有疑问，只要由参加投票的技术委员会或分委员会P成员的2/3同意，就可以认为该草案足以被接受，作为询问草案予以登记，但应力图解决反对票问题。

负责委员会草案的技术委员会和分委员会秘书处应确保在会议上或以通信方式做出的所有决定充分体现在询问草案中。

如果某一技术委员会或分委员会已达成协商一致，其秘书处应在最长4

个月内将草案的最终文本用一种适于分发给国家成员体进行询问的电子表格提交给 CEO 办公室（如果是分委员会，它应抄送给技术委员会一份）。

如果所有的技术问题得到解决，委员会草案作为询问草案分发，并由 CEO 办公室登记后，委员会阶段即告结束。注册前，还需进行格式审查，凡是不符合 ISO/IEC 导则第 2 部分的文本退回秘书处进行修改。

如果技术问题不能在适当的时间范围内得到完全解决，技术委员会或分委员会可以考虑在该文件成为国际标准的协议达成之前，以技术规范形式作为一种中间出版物出版。

委员会的工程流程可以简单用图 2-4 来表述。

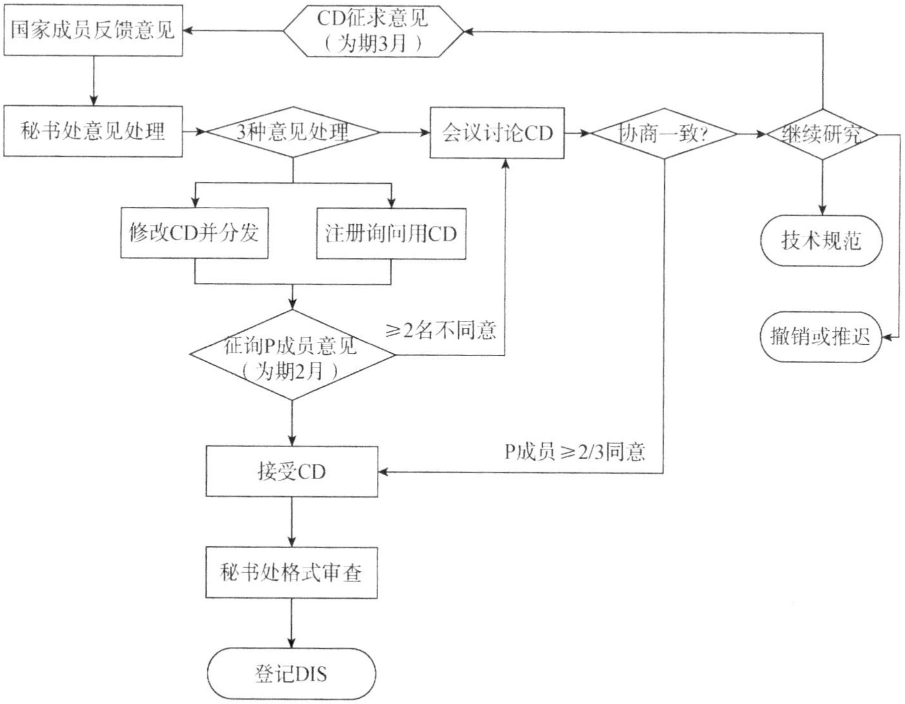

图 2-4　委员会的工作流程

2.3.2.5　询问阶段

在询问阶段，询问草案（ISO 中的 DIS 或 IEC 中的 CDV）应由 CEO 办公室在4个星期内分发给所有的国家成员体进行为期12周的投票。CEO办公室在分发时，应将其接收投票的截止日期通知国家成员体。投票截止时，首席执行官应在4个星期内将投票结果及所收到的意见寄给技术委员会或分委员会主席和秘书处，以便迅速采取下一步措施。

对于投票的形式，ISO规定只能是“赞成”“反对”和“弃权”中的一种，国家成员体提交的投票应明确无误。赞成票可以附有编辑性或少量的技术性意见，其条件是技术委员会或分委员会的秘书及项目负责人与主席进行磋商，决定如何处理这些意见。如果某国家成员体发现某一询问草案是不可接受的，应投反对票并说明技术理由。该国家成员体可以注明在具体的技术修改意见被接受的条件下将反对票改为赞成票，但不得投以接受其修改意见为条件的赞成票。

对于过了正式投票期才收到的评论意见，则提交给技术委员会或分委员会秘书处，待下次国际标准复审时进行研究。

如果满足下列条件（批准准则），询问草案则可通过：

a. 参加投票的2/3技术委员会或分委员会P成员多数赞成；

b. 反对票不超过投票总数的1/4（计票时，弃权票及未附有技术理由的反对票不计算在内）。

技术委员会或分委员会主席收到投票结果及意见后，应协同其秘书处或项目负责人，并与首席执行官（CEO）办公室磋商，最终分情况分别采取下列行动之一：

a. 如果满足上述的批准准则，将经修改的询问草案注册为最终国际标准草案；

b. 如果询问草案没有收到任何反对票，则该询问草案直接进入出版阶段；

c. 如果没有满足上述的批准准则，则：

a）分发修改后的询问草案进行投票（分发修改后的询问草案，并进行为期2个月的投票。如果有一个或多个相关委员会P成员提出要求，可延长至5个月）；

b）分发修改后的委员会草案进行评论；

c）在下次会议上讨论和评论询问草案。

为了将有关保证投票情况的知悉权，投票期结束后的3个月内，技术委员会或分委员会秘书处应准备一份正式报告，并由CEO办公室分发到各国家成员体。报告应包括以下内容：

a. 说明投票结果；

b. 陈述技术委员会或分委员会主席的决定；

c. 复制所收到的评论意见内容；

d. 包括技术委员会或分委员会秘书处对所提交的每条评论意见的看法。

如果自报告分发之日起2个月内，2个或更多的P成员表示不赞成主席所做出的决定，该草案则应在会议上进行讨论。

如果主席做出该草案进入批准阶段或出版阶段的决定，技术委员会或分委员会秘书处应在投票期结束后的最长4个月内，在编辑委员会的帮助下准备一份最终文本并将其寄送到CEO办公室，以便准备和分发最终国际标准草案。秘书处负责向CEO办公室提供可修改的机读表格并可确认这种表格的格式文本。如果在注册前，文本不符合ISO/IEC导则第2部分规定，应退回秘书处并要求进行修改。

当CEO办公室注册询问草案文本，作为最终国际标准草案分发或作为国际标准出版时，询问阶段即告结束。

2.3.2.6　批准阶段

批准阶段，是在有反对意见的询问草案的再次协商一致，因此，需要所有成员国再次投票。

在批准阶段，CEO办公室应在3个月内（ISO）将最终国际标准草案（FDIS）分发给所有成员国进行为期8周的投票（CEO办公室应将其接收投票的截止日期通知国家成员体）。如同询问阶段，投票的三种形式和要求都是一样的，即国家成员体提交的投票应非常明确：赞成、反对或弃权。如果国家成员体投赞成票，则不应提交任何意见。如果国家成员体认为最终国际标准草案是不可接受的，应投反对票并陈述技术理由，但不能投以接受其修改意见为条件的赞成票。

如果同时满足下列要求，分发进行投票的最终国际标准草案则获得通过：

a. 参加投票的2/3技术委员会或分委员会P成员赞成；

b. 反对票不超过总数的1/4（计票时，弃权票和未附有技术理由的反对票不包括在内）。

反对票的技术理由应提交技术委员会或分委员会秘书处待下次国际标准复审时进行研究。

在投票结束前，技术委员会或分委员会秘书处有责任提示CEO办公室注意到草案起草中可能引入的错误。本阶段，不再接受编辑或技术修改意见。

如果投票结果依据上述条件得以通过，则算是通过了最终的国际标准草案，该草案可进入出版阶段。如果投票结果未能满足上述通过的条件，则最终国际标准草案未获通过，应将此文件退回相关的技术委员会或分委员会，委员会依据支持反对票的技术理由重新考虑，做出如下决定之一：

a. 以委员会草案、询问草案或最终国际标准草案（ISO）形式再次提交修改后的草案；

b. 出版技术规范；

c. 取消项目。

CEO办公室应在投票期结束后的2个星期内，向所有的国家成员体分发报告，在报告中公布投票结果并指明国家成员体正式通过将其发布为国际标准，还是正式否决了该最终国际标准草案。反对票的技术理由也附其上，仅供参考。分发报告后，不管FDIS已被批准为国际标准、出版技术规范或将文件退回委员会，批准阶段即告结束。

2.3.2.7 出版阶段

CEO办公室应在6周之内校正技术委员会和分委员会秘书处指出的所有错误，并且印刷和分发国际标准。国际标准一旦出版，出版阶段即告结束。

2.4　标准应用

ISO 标准作为各成员国共同制定并协商一致的标准，通过章程等管理要求，各成员国有义务执行并将其转化为各成员国的标准。另一方面，通过与世界贸易组织（WTO）等组织的合作，ISO 的标准也得到了进一步的推广和应用，譬如 WTO 为了消除贸易壁垒，要求在国际贸易中尽可能采用国际标准。

同时，ISO 积极将标准用于合格评定。ISO 设有合格评定委员会（CASCO），合格评定委员会成立于 1970 年，现有 142 个成员，其中积极成员 108 个，观察员 34 个，直接负责的 ISO 标准和导则共 39 项。此外，其他一些国际组织如世界贸易组织（WTO）、国际电工委员会（IEC）、国际实验室认可合作组织（ILAC）、国际认可论坛（IAF）、国际独立实验室联盟（UILI）、国际计量局（BIPM）、国际法制计量组织（OIML）、国际认证网（IQNet）、国际审核员培训与注册协会（IATCA）、国际标准用户联合会（IFAN）等都参加 CASCO 的工作。

CASCO 下设主席顾问工作组（CAG）、战略规划工作组（SGSP）、工业界咨询网（IAN）、标准与合格评定咨询组（AGSCA）、政府机构联络小组（AH-GRI）、通讯组（GC）、市场反馈组（MFP）、IAF/ILAC、ISO/CASCO 联合小组、DEVCO-CASCO 合格评定战略小组等常设机构。CASCO 和 ISO 一样，每三年对自己的战略进行更新。

CASCO 的主要任务包括：1）根据适当的标准或其他技术规范，研究对产品、加工、服务和质量体系进行合格评定的方法；2）制定有关产品、加工和服务的测试、检验、认证的国际指南和国际标准以及有关质量体系、实验室、检验机构、认证机构、认可机构及其活动和接收的国际指南、国际标准；3）促进国家间、地区间合格评定体系的相互承认和认可以及促进测试、检验和认证等方面的国际标准的应用。

目前，ISO 9000 质量管理体系和 ISO 14000 环境管理体系系列标准在国际上日益受到关注和重视，CASCO 为配合这种形势，也积极制定与 ISO 9000 认证有关的文件。CASCO 的许多特别工作组不断寻求一致性评估的各个领域，保证 CASCO 的工作能紧密联系并服务于市场。

2.5 标准维护

2.5.1 维护程序

TC 或 SC 对其负责的每项国际标准至少每 5 年复审一次，由 P 成员投票的多数票决定这些标准是确认、修订还是撤销。复审须包括该标准在国家一级采用和实际应用程度的评价，如果决定修订某一国际标准，其将成为一个新的项目，须列入 TC 或 SC 的工作计划。

2.5.2 技术勘误表及修改单

对于已出版的 ISO 标准的一些小错误或过时的信息，ISO 为了简化和减少花费起见，规定已出版的国际标准可通过“技术勘误表（或对现行版本更正后的重新印刷）”和“修改单”进行后续修改。

1）技术勘误表

出版技术勘误表是为了更正：

a. 在起草或印刷中由于疏忽造成国际标准、技术规范、可公开提供的规范或技术报告中出现的技术错误或意义不明确之处，这些技术错误或意义不明确之处可导致对出版物不正确或不安全的应用；或

b. 自出版以来过时的信息，但是这种修改应不影响标准的规范性技术要素。

对于在出版物应用中不会产生任何后果的错误（如很小的印刷错误），不需要出版技术勘误表进行更正。

当对可能的技术错误或过时的信息有所怀疑时，应引起相关技术委员

会或分委员会秘书处的注意。经秘书处和主席的确认，必要时与项目负责人及技术委员会或分委员会中的P成员进行磋商，秘书处应向CEO办公室提交有关更正的建议并说明其必要性。考虑到对组织的财政影响和用户的利益，在与技术委员会和分委员会秘书处磋商后，首席执行官应决定是否出版技术勘误表，或更改或更新后重新印刷的现行出版物版本。

2）修改单

修改单是对现行国际标准中原已达成一致的技术条款的改动和补充。

修改单的起草和出版程序应遵循特定的维护程序（类同于标准的制定）。在批准阶段，考虑到对组织的财政影响和国际标准用户利益的情况，首席执行官应与技术委员会和分委员会秘书处协商，决定是否出版修改单，或出版包括修改单在内的新版国际标准。

值得注意的一条规定是，ISO要求若预见到可能对国际标准条款要进行经常性补充，在开始起草时，就应将这些补充条款作为系列的一部分来考虑（即按照一定内容拆分成一个标准的不同部分）。

不管是技术勘误表还是修改单，均以单行本出版，相关的国际标准版本仍保留。但用以修正现行国际标准的技术勘误表或修改单不得多于2个单行本，制定第3个这样的文件时应出版国际标准的新版本。

2.5.3 维护机构

如果某技术委员会或分委员会出版了要求不断修改的标准时，该技术委员会或分委员会可确定需要成立维护机构。维护机构的秘书处要求尽可能地由制定该标准的技术委员会或分委员会承担。

2.6 其他可提供使用文件的制定

在ISO的有关运作中，对于一些无法协商一致而市场又有需求或者市场急需的标准化项目，为了在保持标准的程序正当性的同时又能满足市场所需，采取了一种灵活的处理方式，即制定一些除标准之外的其他可提供使用的文件，这样的文件主要有三类：1）技术规范（TS）；2）可公开提供的规范（PAS）；3）技术报告（TR）。

2.6.1 技术规范

技术规范可在下列情况和条件下起草和出版。

当所讨论的项目正在研究过程中，或由于任何其他理由，现在不可能但将来可能达成出版国际标准协议的情况下，技术委员会或分委员会可以根据前文“标准的制定”所规定的程序决定是否适宜出版技术规范。将结果文件以技术规范形式出版的决定要求参加投票的技术委员会或分委员会P成员的2/3多数赞成。出版技术规范的理由及说明其与所期望的未来国际标准之间的关系应在前言中予以说明。

当技术规范用于“先期标准化目的”时，下列内容（视情况填写）应纳入前言中：“本文件正在以技术规范系列出版物形式出版，作为……领域‘暂时应用的先期标准’，这是由于急需对该领域如何采用标准进行指导以满足确定的需求。本文件不被视为‘国际标准’，它的提出是为了暂时使用，以便收集实际使用的信息和经验。对本文件内容的评论意见应寄至……（ISO中央秘书处）……。对本技术规范的复审应在其出版后的3年内进行，复审中可做出以下选择：即再延期3年；转换为国际标准；或撤销”。

当最终国际标准草案不能得到通过批准阶段所要求的支持率时，或对协商一致有疑义的情况下，技术委员会或分委员会可通过其P成员投票，参加投票P成员的2/3多数赞成来决定本文件以技术规范形式出版。技术规范前言中应说明不能获得所要求的支持率的原因。

如果技术委员会或分委员会P成员已同意出版技术规范，技术委员会或分委员会秘书处应在4个月内以机读形式将技术规范草案提交首席执行官办公室出版。

技术规范应在出版后3年内由技术委员会或分委员会进行复审，其目的是重新检查促使技术规范出版的情况，以及是否有可能就出版国际标准来取代该技术规范达成必要的协议。

2.6.2　可公开提供的规范（PAS）

PAS 不是完全符合标准要求的文件。PAS 可以是在正式国际标准制定之前出版的中间性规范，或在 IEC 中可以是一种与外部组织合作出版的带有“双标识”的出版物。

PAS 的提案只能由 A 联络组织或 C 联络组织提交，或由委员会的 P 成员提交。经过对提交的 PAS 文本确认、检查与现行国际标准没有冲突并经相关委员会参加投票的 P 成员投票的简单多数批准后方可出版。

PAS 的初始有效期为 3 年，可再延期 3 年，之后应修订为另外一种规范性文件，或撤销。

2.6.3　技术报告

如果技术委员会或分委员会已收集到数据，这些数据不同于正常出版为国际标准出版的数据（可以包括诸如国家成员体从所开展的调查中获取的数据，其他国际组织在工作中所获取的数据，或与国家成员体某一专门学科标准有关的“最新技术”数据），技术委员会或分委员会可以通过 P 成员投票的简单多数决定是否要求首席执行官以技术报告的形式出版这些数据。该文件从本质上讲完全是信息性的，而不应有规范性的内容。该文件应明确说明其与本主题规范性要素的关系，这些规范性要素正在或将来在有关主题的国际标准中处理。如有必要，首席执行官应与技术管理局进行协商，决定是否将本文件作为技术报告出版。

如果技术委员会或分委员会 P 成员同意出版技术报告，技术委员会或分委员会秘书处应在 4 个月内以机读形式将报告草案提交首席执行官出版。

建议由承担工作的委员会对技术报告进行定期复审，以保证其有效性。撤销技术报告的决定由承担工作的技术委员会或分委员会做出。

2.7 运行模式特点

综述前文可以看出，ISO 的标准化运行模式具有如下几个显著特点。有严密组织和职责分工，在其标准化管理体制上和运行模式上，具有如下特点：

1）ISO 作为一个由众多成员国联合组成的机构，它的标准化运行模式没有与国家标准化管理体制相类似的制度的约束，宏观层面上主要受它的标准化工作目标（本身的角色定位）、愿景和战略规划的影响。在 ISO 发布的 2016—2020 战略规划中，提出了 6 个主要战略发展方向。其中“共同努力制定高质量标准”“尽可能多地提升投入与支持”“提供多元化的机会，阐释、指导国际化标准工作”“实践技术战略”“加强传播与相互了解”“努力制定全球通用的国际标准”等要求在其运行模式中都得到了充分体现。

2）ISO 始终坚持如下所列的三个运作理念，值得借鉴和深化。ISO 作为非政府机构，它制订的标准本质上是自愿性的，这意味着只有制定出用户所需的协商一致的高质量标准，能从中使用标准中受益，用户才能主动采用其标准。因而 ISO 倡导标准的价值理念和合作理念，强调标准的实际价值。ISO 坚持的三大理念如下：

a. 价值理念——对市场需求的了解、应对和预测；

b. 合作理念——在标准化的各个阶段，确保所有相关方最大限度地参与和合作；

c. 优化理念——有效利用资源，充分利用信息和通信技术。

3）在组织结构上，ISO 的组织形式和职责分工带有明显的联合会的特点，组织较为严密和合理。ISO 的组织结构，在行政管理上以“理事会”为中心，技术管理上以“技术委员会”为中心，同时辅之以必要的咨询和指导机构，配置相关的宣传和教育等部门。

a. 全体大会是名义上的最高权力机构，各成员国地位等同。但理事会是事实上的权力中心；

b. 在理事会的组成上，为了确保理事会能够代表全体成员的意志和利益，其成员向全体 ISO 成员开放并实行轮值制度。1994 年以前，除了美、英、法、德、日和苏联这 6 个常任理事国以外，还出现了一些因被连选而连任的理事国。如果没有当选为理事国，就意味着 3 年之中很少有机会接触 ISO 的管理工作，这引起了一些中小发达国家的不满。因此，ISO 于 1992—1993 年对 ISO 章程的议事规则进行了修改，对理事国的选举制定了严格的准则，从而可以使大国和小国、发达国家和不发达国家都有机会进入理事国，参与 ISO 的管理工作；

c. 理事会成员在轮值的基础上按照贡献区别对待，做出的贡献越大，进入 ISO 理事会的机会也就越多，对 ISO 事务的发言权就越大。理事国的选举要求 ISO 所有成员国按业绩进行排队，前 5 名者指定为 ISO 的常任理事国，第 6 名~第 20 名可选出 5 名代表，第 21 名~第 50 名可选出 5 名代表，第 51 名以后的所以成员国只能选出 3 名代表参加理事会。成员国贡献的计算内容包括：第一，交纳会费数量占 60%的比重；第二，承担 TC/SC 秘书处数目占 20%的比重；第三，以积极成员（P）身份参加的 TC/SC 的数目占 20%的比重；

d. 对于标准工作的管理，技术管理局（TMB）负责管理技术委员会，并制定技术委员会的工作导则。各个技术委员会（TC 和 SC）负责相应范围内的国际标准制定的具体工作；

e. 作为一个松散的联合组织，为了有效开展工作，设置中央秘书处作为主要的运行中心和纽带，全面负责顶层管理和技术把关之外的日常工作。

4）ISO 的愿景是成为世界领先的高品质国际标准提供者，但其标准的提出是基于相关方的需求，标准的制定依赖于各成员国的专家。因而 ISO 重在确保对过程的协调和管理，为人们制订国际标准达成一致意见提供一种有效的机制，《ISO/IEC 技术工作导则》中对标准制定的形式、程序、批准发布及出版做出了详细的规定。ISO 标准制定过程的要点包括：

a. PWI 是尚未成熟，不能进入后续阶段的工作项目，或目标日期不能确定的项目，SC 须对所有 PWI 进行定期复审。

b. NP 的提案人应尽力提供 1 个供讨论用的最初工作草案，或至少提供 1 个草案纲要。TC 或 SC 通过投票决定是否接受 NP。NP 一旦被接受，它需作为新项目优先纳入有关 TC 或 SC 的工作计划，同时由 ISO/CS 中央秘书处予以登记。

c. 准备阶段包括按照 IEC/ISO 导则第 3 部分“国际标准的起草与表达规则”的要求，进行 WD 的准备。根据需要，可以由 TC 或 SC 组建工作组，规定其任务，确定其将草案呈交 TC 或 SC 的目标日期。当 WD 作为第一个 CD 分发给 TC 或 SC 的成员，并经 ISO/CS 中央秘书处登记时，准备阶段即告结束。

d. 委员会阶段是考虑各国家成员团体意见的阶段，因此各国家成员团体须在这个阶段仔细研究 CD 文本，并提交恰当的意见。在此阶段，秘书处对相继提出的草案进行反复研究，直到 TC 或 SC 的 P 成员达成协商一致（指考虑所有有关方面的观点、协商任何对立的争论，直到利害相关的各方对实质性问题没有反对意见），将 CD 作为 DIS 或做出撤销、推迟这个项目的决定。

e. 询问阶段是将 DIS 交所有国家成员团体表决的阶段，必要时进行修改，最终达到通过，形成 FDIS，由主席批准进入下一阶段。

f. 批准阶段是各成员团体对 FDIS 表决，通过后进入出版阶段。如没有通过，将文件退回有关的 TC 或 SC，根据反对票所提出的技术理由重新考虑。

5）在标准的制修订过程中，ISO 认为标准强调始终要坚持协商一致，以解决实质性的反对意见，这也是制定能被接受并被广泛采用的国际标准的一条基本程序原则和必要条件。ISO 认为虽然加速开展技术工作是必要的，但要求标准在进入批准阶段之前要为讨论、协商及解决重要的技术争议问题留出足够的时间。

6）在标准的制修订过程中，ISO 认为必须具有成本效益和适时性。为了实现成本效益和适时性目标，ISO 的标准制修订程序贯彻了以下思想：

a. 现代技术和计划管理：在标准化工作程序框架内，通过不断采用新技术和现代计划管理方法，提高了工作速度，方便专家和秘书处完成任务。

b. 纪律：各国家成员体必须保证遵守截止时间和时间表有关的纪律，以避免长期和不确定的拖延时间。同样，为了避免重复讨论，国家成员体有责任保证其技术观点是在考虑到该国所有相关利益的基础上提出的，并且在技术工作的初期应明确提出这种观点而不是在最后（批准）阶段提出。ISO 指出到把实质性意见提交会议上讨论会适得其反，因为其他代表没有机会在本国进行磋商，因此迅速达成协商一致是困难的。

c. 成本效益：标准化工作程序考虑了运行所需的总成本。“总成本”的概念包括各国家成员体的直接支出、日内瓦办公机构的支出（主要由国家成员体交纳的会费资助）、差旅费及国家和国际工作组和委员会专家的工时费。

7）对于标准的应用，ISO 采取的措施包括：一是要求各成员国采用或转化其标准外；二是积极将标准与合格评定相结合。合格评定委员会除了制定有关产品、加工和服务的测试、检验、认证的国际指南和国际标准，以及有关质量体系、实验室、检验机构、认证机构、许可机构及其活动和接收的国际指南、国际标准之外，还会根据适当的标准，研究对产品、加工、服务和质量体系进行合格评定的方法，从而促进测试、检验和认证等方面的国际标准的应用；三是与相关组织积极合作。ISO 和世界贸易组织的合作是推动其标准应用的一大助力，按照 TBT 协议（消除贸易壁垒），各国应该积极遵守和采用国际标准。

8）对于标准的维护，有两种方式，一是在 NP 阶段提出修订；二是 TC 或 SC 对其负责的每项国际标准至少每 5 年复审一次，由 P 成员投票的多数票决定这些标准应确认、修订还是撤销。值得借鉴的是，技术委员会在复审时，必须有该标准在国家一级采用和实际应用程度的评价。

9）在标准体系规划方面，整体来说，ISO 的标准体系结构是没有深入规划的，但也有其运作方式和特点：首先，在总体上按照“国际标准分类法”分为若干行业或专业；其次，在各个专业领域又取决于相关的专业技术委员会的建立。ISO 众多的技术委员会、分委会、工作组这些相当于我国的标准体系设计，决定了 ISO 的大致的标准体系结构的划分和设置，如前文所描述的 TC85 核能、核技术与辐射防护技术委员会为例，可呈现其标准体系的构成。应注意的是 ISO 对于建立技术委员会是基于需求的角度，以开放的态度来对待；最后，在具体的标准设置上：一方面，ISO 的技术委员会、分委会、工作组也会通过工作计划的方式予以规划；另一方面则是基于成员国的需求，以需求为导引制定相关的标准。

总体而言，ISO 是一个由众多成员国联合组成的机构，类似于我国的联合会，因而它更多地需要协调和平衡各方权益，以保证 ISO 的持续而健康的发展。因而在它的组织结构、人事和工作机制等管理方面，做了完善的设置。ISO 的理事会的顶层机构的设置，对我国核电标准管理机构设置的借鉴意义不大。ISO 是自愿性的联合会模式，而我国的标准管理在顶层上还是政府行政主管的体制。但可以借鉴其做法，增设必要的咨询机构。ISO 的标准管理体系，因标准所对应的应用主体不同，对于我国的核电标准体系的管理并不具备参考性。ISO 的标准化运行模式，它的做法已经是国际通行做法，但个别地方可以借鉴，如：1）在标准草案征求意见之前，增加质量把控环节以便确定下一步如何开展；2）标准复审的评价依据必须有该标准实际应用程度的评价。

第三章　国际电工委员会的标准化运行模式

3.1　概述

与 ISO 并立的另一个国际标准组织是国际电工委员会（IEC），它是世界上最早的制定和发布电工电子标准的非政府国际组织，是联合国社会经济理事会的甲级咨询机构，成立于 1906 年，总部设在瑞士日内瓦。历史上，IEC 曾作为一个电工部并入 ISO，但在技术上和财务上仍保持独立。1976 年，双方又达成新协议，两组织各自独立，自愿合作，互为补充的国际组织，共同建立国际标准化体系，IEC 负责有关电气、电子工程领域（包括电机、电器、电子、电讯和原子能方面的电工技术）的国际标准化工作，其他领域则由 ISO 负责。

IEC 的宗旨是促进电工、电子工程领域中标准化及有关事项的国际合作，增进国际间的相互了解。为此，IEC 出版了包括国际标准在内的各种出版物，并希望各成员国在本国条件允许的情况下，在本国的标准化工作中尽可能使用这些标准。IEC 的主要任务是议定共同的表达方法，如名词术语、电路图的图形符号、单位及其文字符号、电磁理论等；制定试验或说明性能的标准方法；制定产品质量或性能指标；议定影响机械或电器互换性的特性，简化品种，以便进行大批量的连续生产；制定有关人身安全的技术标准。

IEC 现有 88 个成员国（其中正式成员 62 个，观察员 26 个）。我国于 1957 年加入 IEC，以中国国家标准化管理委员会的名义参加 IEC 的工作，是 IEC 理事局、执委会和合格评定局的成员，是 IEC 的 102 个技术委员会和81个分技术委员会的P成员。(凡申请参加IEC的国家，应先在国内成立国家电工委员会，当被接纳为成员国后，这个委员会便初称为IEC国家委员会，一个国家只能有一个IEC国家委员会。接纳新成员由理事会投票表决)。IEC的成员分为：

1）正式成员——积极参加IEC活动，有投票权。但要成为IEC正式成员，该国家委员会必须声明向本国所有有兴趣参加IEC活动的政府或非政府机构开放。

2）协作成员——由于资源有限，只参加部分活动，没有投票权。它们可以以观察员的身份参加所有的IEC会议。

3）预协作成员——是指尚未建立国家委员会，由IEC中央办公室或某邻国的IEC国家委员会帮助其建立国家委员会的成员，IEC计划在3~5年内帮助这些国家建立起各自的国家委员会。

3.2 组织结构

IEC下设有管理机构、执行机构、咨询机构及相应的官员。主要组织机构包括理事会（全体大会）、理事局、执行委员会、中央办公室和若干技术委员会等。IEC的官员有：主席、上届主席或当选的下届主席、副主席、司库和秘书长。IEC的组织框架示意如图3-1。

3.2.1 理事会

IEC的理事会类似于ISO的全体大会。理事会是IEC的最高权力机构，是立法机构，是国家委员会的全体大会。理事会由下述人员组成：主席、国家委员会主席、上届主席或当选的下届主席、前途主席、副主席、司库和秘书长。理事会至少每年召开1次会议。

理事会的职责包括：

1）制定政策并负责财政事物；

2）负责选举官员：理事局、标准化管理局及合格评定局成员和主席；

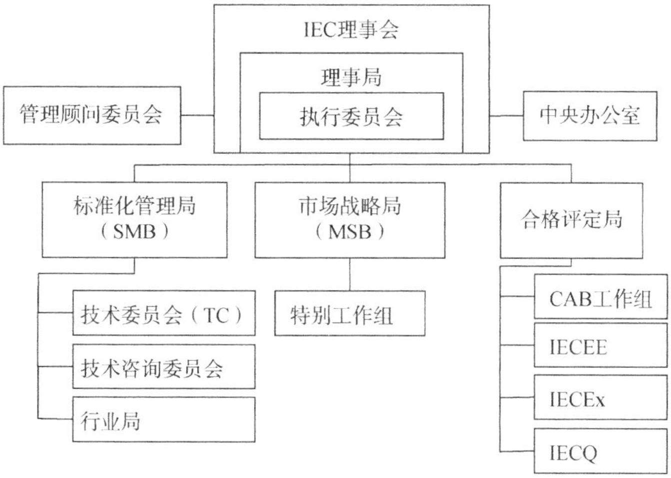

图 3-1 IEC 组织框架示意图

3）负责修改 IEC 章程及程序规则；

4）负责要求理事局做出相关决议。

依据上述职责，理事会负责制定 IEC 的政策和长期战略目标及财政目标，但将 IEC 所有工作的管理委托给理事局，而标准和合格评定领域的具体管理工作分别委托标准化管理局（SMB）和合格评定局（CAB）负责。

3.2.2 理事局（CB）

理事局是监督实施 IEC 理事会政策和决议的机构。通常情况下，理事局每年至少召开 2 次会议。CB 由 IEC 官员和 15 名由理事会选出的投票成员组成。理事局负责为理事会会议批准日程和准备文件，接收并考虑来自标准化管理局（SMB）和合格评定局（CAB）的报告。理事局还根据需求建立咨询机构，并负责指定这些咨询机构的主席及其成员。

1）管理咨询委员会，下设主席未来技术咨询委员会（PACT）、营销委员会（MC）、销售政策委员会（SPC）、财务委员会（CDF）4 个委员会。

2）标准化管理局，由 1 名主席、IEC 秘书长及理事会选举的 15 个成员（可更换）组成。通常情况下，SMB 每年召开 3 次会议。标准化管理局负责管理 IEC 的标准工作，包括建立和解散 IEC 技术委员会（TC），确定其工作范围，负责标准制修订时间及与其他国际组织的联系。标准化管理局是个决策机构，它向理事局和国家委员会汇报其作出的所有决定。标准化管理局还负责指定 TC 秘书处和 TC 主席，并保证依据 IEC 行业局、技术咨询委员会和技术委员会的建议确定优先的技术工作。

3.2.3 执行委员会

执行委员会负责实施理事会和理事局的决定，并支持中央办公室的运作，与 IEC 国家委员会保持联系。执行委员会为理事局制订日程和起草文件。通常，执行委员会每年召开 4 次会议。

3.2.4 中央办公室

中央办公室是 IEC 全部活动的中心，中央办公室负责监督 IEC 章程、技术规则、技术工作导则及理事会和理事局决议的贯彻实施。通过现代化的电子数据处理手段和通信设备，保证项目管理、工作文件传递和标准最终文本出版发行等各项工作的正常进行。

中央办公室与 ISO 中央秘书处使用同一个技术工作导则，由于两个组织分工又合作，避免了工作的重叠。IEC 与 ISO 共同拥有一个信息中心，为各国及国际组织提供标准化信息服务。

3.2.5 技术委员会

3.2.5.1 技术委员会的构成

IEC 现有技术委员会 108 个，分技术委员会 101 个，工作领域已由单纯研究电气设备、电机的名词术语和功率等问题扩展到电子、电力、微电子及其应用、通信、视听、机器人、信息技术、新型医疗器械和核仪表等电工技术的各个方面。其中与核电密切相关的是 IEC/TC45 是核仪器技术委员会（Nuclear Instrumentation），负责制定核能源以及其他使用电离辐射工业领域的电工电子设备标准以及探测和测量天然电离辐射方面的标准。到目前为止，TC45 有正式成员 19 个，观察员 16 个，发布 IEC 标准 189 个。TC45 秘书处设在俄罗斯，下设三个直属工作组，两个分技术委员会，两个项目组，一个联合工作组，一个咨询组，一个联合临时工作组，分别为：

1）TC45/WG1　分类与术语工作组；

2）TC45/WG9　辐射探测器和系统工作组；

3）TC45/WG18　用于核与辐射应用的移动无人自动化系统工作组；

4）TC45/SC45A　核设施仪表和控制分技术委员会；

5）TC45/SC45B　辐射防护仪器分技术委员会；

6）PT 62976 无损检测用电子直线加速器项目组 Industrial non-destructive testing equipment-Electron linear accelerator；

7）PT63175 核仪器——10 MeV～20 MeV 范围内固定能量强流质子回旋加速器项目组 Nuclear instrumentation-Fixed high intensity proton cyclotron within the energy range of 10～20 MeV；

8）AG15 主席咨询组 CAG-Chairmen’s Advisory Group；

9）JWG 16 联合工作组 Cogeneration Combined Heat and Power（CHP）Managed by TC 5；

10）JAHG 4 联合临时工作组 Radionuclide calibrators Managed by SC 62C；

TC45/SC45A 核设备仪控分技术委员会，现有 21 个正式成员，13 个观察员，主要负责制定用于核能设施（核电厂、燃料转换和加工厂、乏燃料和核废物的中间和最终处置厂）仪控系统的电工电子及相关系统和设备的标准。这些标准覆盖了仪控系统的整个周期，从概念阶段到设计、制造、试验、安装、调试、运行、维护、老化管理和退役等，以提高设施的效率和安全性。TC45/SC45A 秘书处设在法国，目前有八个工作组以及一个联合项目组：

1）WG 2：传感和测量技术；

2）WG 3：核电厂安全相关的数字处理器的应用；

3）WG 5：特殊工艺测量和辐射监测；

4）WG 7：反应堆安全系统电子装置的可靠性；

5）WG 8：控制室；

6）WG 9：仪器系统；

7）WG 10：核电厂仪控系统的升级换代；

8）WG 11：电力系统：建筑和系统特定方面；

9）JPT IEC/IEEE 63160 核设施—对安全重要的仪表、控制和电力系统—常见原因故障系统分析和多样性 Nuclear Facilities - Instrumentation, Control and Electrical Power Systems Important to Safety-Common Cause Failure Systems Analysis and Diversity

TC45/SC45B 辐射防护仪器，20 个正式成员，15 个观察员，主要负责制定辐射防护仪器领域的标准，包括人体内外照射、工作场所、环境（包括食品）在正常状态或事故工况下的测量。TC45/SC45B 秘书处设在法国，目前有 7 个工作组，2 个项目组以及 1 个维护工作组：

1）WG5：环境辐射测量；

2）WG8：袖珍灵敏的剂量当量（率）电子监测仪；

3）WG9：核设施内辐射和放射性活度监测设备；

4）WG10：氡和氡子体测量仪器；

5）WG15：使用光谱仪、个人电子剂量仪和便携式剂量率仪对违法交易进行监控的仪器；

6）WG16 污染测量仪与监测仪

7）WG17 使用有源探询的安全检查系统

8）PT62461 测量不确定度的确定 Determination of uncertainty in measurement；

9）PT62957-1 辐射防护仪器-探测性能评估和放射性核素识别的半经验方法-第一部分：仪器的性能评估，静态模式识别放射性核素 Radiation Instrumentation-Semi-empirical Method for Performance Evaluation of Detection and Radionuclide Identification - Part 1: Performance Evaluation of the Instruments, Featuring Radionuclide Indentification in Static Mode;

10）MT 18 辐射防护仪器仪表—环境、电磁和机械性能要求 Radiation Protection Instrumentation-Environmental, Electromagnetic and Mechanical Performance Requirements

3.2.5.2 技术委员会的运作

IEC 的技术委员会是标准的制修订工作的技术支持机构，下设分委员会（SC）和项目组（PT）。分委员会由各成员国自愿参加。其中与核电密切相关的是 TC45，详见上文。

关于技术委员会的运作，前一章所述的《ISO/IEC 导则》都予以了详细的规定，但除前文所述之外，IEC 在技术委员会之外还有一个所谓的“系统委员会（System Committee，SyC）”。系统委员会等同于技术委员会，但有着明显的特点。顾名思义，系统委员会是针对系统的，而不是针对单个产品标准，它的目的和职责是针对可构成一个系统的标准化对象，从上往下地从系统构架上着手进行规划和开展工作，负责定义参考框架、使用案例和恰当的标准，并研究制定接口、功能和系统范围中要素相互联系的标准和导则。这种模式突破了以往传统的从下往上地从单一产品标准开始的标准化工作模式，从某种意义上来说，有点类似于前文所述的从“整体到局部”的标准体系构建模式。

IEC 的系统标准化工作方法的探索源于 2004 年，2012 年标准化管理局成立特别工作组 ahG35 负责 IEC 系统标准化的研究工作，2013 年批准 ahG35 提出的系统标准化成果，目前已有智慧城市、智慧能源等已开展相关工作。

3.3 标准制定与应用

IEC 的标准制定过程及管理和 ISO 相同，共同使用《ISO/IEC 导则》。除了这一 ISO 和 IEC 共同遵守的部分外，IEC 还制定了“ISO/IEC 导则 补充部分 IEC 专用程序”。IEC 在其专用程序中补充了一些适合于它自己的要求，如IEC要求（如有要求）CEO办公室的一名代表将参加编辑委员会会议，再如IEC要求在通过项目提案时应至少有4个P成员（当委员会具有16或以下P成员时）或至少有5个P成员（当委员会具有17个或以上的P成员时）承诺积极参与项目制定工作，但总体而言，与ISO并没有本质差异。

作为推广应用标准的一种有效手段，IEC从1981年开始就已形成了一个成熟的认证体系。IEC的各认证委员会由合格评定局管理，在组织上自成体系，财务上独立自主。合格评定局（CAB）现有三个认证委员会：电子元器件委员会（IECQ）、电子设备委员会（IECEE）、防爆电器委员会（IECEX）。它是世界范围的自愿认证机构，其宗旨是促进国家或国际间的自由贸易。按照严格的认证程序，以国际标准为依据对电工产品生产厂的技术力量和管理水平，实行全面的审核和评审；对要求认证的生产的元器件，按标准要求进行测试检验。对符合质量要求的产品授以合格标准和证书，以确保产品质量达到和保持标准要求的质量水平。

3.4 运行模式特点

IEC的标准管理和运行模式，在组织管理上，《国际电工委员会（IEC）章程和程序规则》是IEC的行动规范。该文件详细规定了IEC组织的名称、宗旨、委员会所在地、成员、组织机构职能及其构成等内容。在标准制定方面，《ISO/IEC技术工作导则》规定了标准制定的形式、程序、批准发布及出版要求。由于历史的原因以及作为相互紧密协调的结果，IEC的标准管理和运行模式与ISO基本一致。它们使用共同的技术工作导则，遵循共同的工作程序。在信息技术方面，ISO与IEC还成立了联合技术委员会（JTC1），负责制订信息技术领域中的国际标准。IEC与ISO使用共同的情报中心，为各国及国际组织提供标准化信息服务，它们相互之间的关系越来越密切。

IEC与ISO最大的区别是工作模式的不同。ISO的工作模式是分散型的，技术工作主要由各国承担的技术委员会秘书处管理，ISO 中央秘书处负责协商，只有到了国际标准草案（DIS）阶段 ISO 才予以介入。而 IEC 采取集中管理模式，即所有的文件从一开始就由 IEC 中央办公室负责管理。

IEC 的标准运行模式，可以从其战略目标来理解其出发点。IEC 提出如下 8 项战略目标：

1）确保 IEC 标准的市场发展；

2）要持续不断地提高 IEC 标准在全球的认可度，促进 IEC 标准的使用；

3）要确保组织及其工作程序代表性；

4）要及时针对新技术的发展，制定世界领先的 IEC 标准；

5）减少标准制定参与者的成本；

6）提供满足市场需要的技术文件，优化现有资源，包括进一步加强与其他组织的合作；

7）改进和扩展系统方法、工作程序以及组织结构；

8）在不降低 IEC 标准质量的前提下，进一步提高工作效率。

IEC/TC45 在 2011 年战略声明中也提出了如下战略目标：

9）继续满足技术需求，向其他国际组织（如 IAEA）推荐；

10）密切关注美国标准的发展，如坚固性测试标准非常重要，能够转换成 IEC 标准；

11）制定阻止核与放射性材料的非法贸易方面的标准，这对各成员国非常有益；

12）要注意到随着全球核能的复苏，特种核材料的核保障成了最重要的任务，IEC/TC45 要特别关注应对这种挑战；

13）有些国家正在建设一些新的反应堆（如高温气冷堆、球床反应堆以及其他功率更高或更低的反应堆），要注意为这些堆型的仪控系统和辐射监测系统制定适当的标准；

14）要认识到 IEC 标准全球的专家使用，要保证不仅由有限的专家组来制定。

如同 ISO，IEC 的标准管理体系对于我国的核电标准体系的管理和运行并不具备参考性。但一些做法仍值得借鉴，包括：1）IEC 每年要在世界各地召开 100 多次国际标准会议，世界各国的近 10 万名专家在参与 IEC 的标准制定、修订工作。即便在这样的参与范围的情形下，IEC 的 TC45 还在强调要全球的专家使用而不仅由有限的专家组来制定标准；2）IEC 设置专门的营销委员会（MC）来吸引对市场需求最敏感的关键人物积极参与 IEC 活动；3）IEC 在其战略中提出要及时针对新技术的发展来制定世界领先的标准；4）IEC 在新提项目时除要求成员的二分之一同意外，还要求有 5 个国家愿意派人参加，这样能提高成员国参与程度并尽可能消除后续阶段的协调和表决难度。

第四章　国际原子能机构的标准化运行模式

4.1　概述

国际原子能机构（International Atomic Energy Agency，IAEA）成立于1957年10月，是一个同联合国建立关系，并由世界各国政府在原子能领域进行科学技术合作的机构。总部设在奥地利维也纳。组织机构包括大会、理事会和秘书处。目前国际原子能机构共有171个成员国。中国于1984年1月成为IAEA的正式成员国。IAEA的宗旨是加速扩大原子能对全世界和平、健康和繁荣的贡献，并确保由机构本身、或经机构请求、或在其监督管制下提供的援助不用于推进任何军事目的。它始建时有一个简单的信条就是“让原子能为和平服务”。这意味着核技术应该安全地用于能源生产、健康、农业和水资源保护等为人类服务的和平目的。

IAEA的一项重要职责是制定有关电离辐射防护的安全标准，为核动力堆、研究堆、核燃料循环活动及设施、辐射防护、放射性废物管理以及放射性物质运输的安全方面提供全面的指导。IAEA目前已经发布了100多项安全标准。IAEA的安全标准涉及核安全（NS）、辐射安全（RS）、运输安全（TS）、废物安全（WS）、一般安全（GS）以及涉及上述跨领域的安全标准。在层次上，IAEA的安全标准分为安全基本法则（Safety Fundamentals）、安全要求（Safety Requirement）和安全导则（Safety Guides）三个层次：

1）安全基本法则（F）：提出防护和安全的目标、概念和原则，并为安全要求提供依据。

2）安全要求（R）：制订为确保不仅现在而且在将来对人类和环境的

保护必须满足的要求。这些要求用“必须”来表述，并受“安全基本法则”中提出的目标、概念和原则所规范，即如果不能满足这些要求，则必须采取措施以达到或恢复所要求的安全水平。“安全要求”出版物采用规章性语言，以便能将其纳入国家法律和条例。

3）安全导则（G）：提供有关如何遵守安全要求的建议和指导。安全导则中的建议用“应当”来表述，意指需要采取所建议的措施或等效的替代措施。“安全导则”提出国际上的良好实践，并且日益反映最佳实践，以帮助用户努力实现高水平安全，每一“安全要求”出版物均辅以若干“安全导则”，在制订国家监管性导则时可以使用这些安全导则。

虽然IAEA安全标准是推荐性的标准，但实际上它已经被许多国家的审管机构采纳而成为国家法规，我国的核安全法规导则就是参照IAEA的安全标准建立起来的。

4.2 标准制定

从1996年开始，IAEA制订了一个统一的安全标准制定和审核制度。IAEA各项核安全标准（IAEA Safety Standards）的制定程序如下：

1）首先由IAEA内部相关部门的专家拟订编写大纲和工作计划，分别提交安全标准委员会（Commission of Safety Standards，CSS）及安全标准分委员会（Safety Standards Committees，SSC）审查。各委员均由IAEA署长任命，多为曾任职于各会员国原子能机构，且曾主持过国家标准建立的政府官员。安全标准分委员会设置于CSS之下，有如下四个分委员会：

a. 核安全标准分委员会（Nuclear Safety，NUSSC）；

b. 辐射安全标准分委员会（Radiation Safety，RASSC）；

c. 放射性废物安全标准分委员会（The Safety of Radioactive Waste，WASSC）；

d. 放射性物料运输安全标准分委员会（The Safe Transport of Radioactive Material，TRANSSC）。

2）IAEA 内部相关部门的专家在征询相关特约顾问后，起草新的或修订现有的安全标准。IAEA 的特约顾问亦由署长聘请各会员国专家担任，可视需要征求其协助。

3）新的或修订现有的安全标准的草案（Draft）完成后，分别提交安全标准委员会、安全标准分委员会及各会员国审查，若有意见，此程序可重复，直到所有的意见都已妥善处理完成。

4）新的或修订现有的安全标准草案在意见处理完成后，即可提出修改后的草案（Final Draft）再送请 CSS 认可（Endorsement）后正式发行。

IAEA 安全标准制定流程也可概括如下：

a. 第一步：制定 DPP（提案）；

b. 第二步：国际范围内审阅 DPP；

c. 第三步：RC（s）审阅 DPP；

d. 第四步：CSS 审阅 DPP；

e. 第五步：制定安全标准草案；

f. 第六步：国际范围内第一次审阅标准草案；

g. 第七步：RC（s）第一次审阅标准草案；

h. 第八步：向成员国征求意见；

i. 第九步：成员国提交意见；

j. 第十步：国际范围内第二次审阅标准草案；

k. 第十一步：RC（s）第二次审阅标准草案；

l. 第十二步：CSS 审议标准草案；

m. 第十三步：由出版委员会制定安全标准（SF 和 SR 由 Board of Governors 制定）；

n. 第十四步：出版安全标准。

4.3 运行模式特点

IAEA 的各项安全标准，均是在具有国际共识的基础下开发而成的，正因为如此，它们反映的是已经广泛地被接受的核安全水平，且各项安全标准在开发中或修订时，所有的会员国都可以对已经准备妥当的草案文件，充分地提供意见，而且这些意见都会在最后的草案定案之前，被仔细地考虑过。另视该安全标准的不同等级，最终的批准，由总署长或由理事会为之。因此，IAEA 安全标准的出台，也具有一定的类似 ISO 和 IEC 国际标准制定的协商一致的过程，但它的程序性在协商一致的程度和方式上不如 ISO 和 IEC。也正因如此，IAEA 的安全标准应视为国际上可接受的一个最低的水平，不一定能够完全反映个别国家的特殊需求，在某些国家，可能由于种种原因，例如：由于人口密度异常等原因，对某些特定议题会有更高水平的需求。每个国家应以本国的实际情况为基础，详细评估并广泛地征求意见后，确定自己可以接受的安全水平。

在 IAEA 的安全标准发展战略中，也不像 ISO 和 IEC 般强调标准制定过程的程序性、代表性、先进性等。IAEA 在 2006—2012 年中期发展战略中，提出的目标是要使 IAEA 的安全标准得到全球认可。该目标通过以下一些措施来实现：

1）为核电站的长期运行提供安全评价指导；

2）以 IAEA 安全标准为依据，支持对研究堆和核燃料循环设施的设计、建造和运行进行评审；

3）努力为创新和先进型反应堆的设计制定和实施安全准则；

4）支持使用国际核运输条例和运输安全评价规定；

5）与其他国际组织和专业机构合作制定指导方针，指导医疗实践中相关的受照人员使用 IAEA 安全标准；

6）为放射性废物管理、安全寿命周期管理和核设施（包括研究堆）退役以及保护公众和环境不受电离辐射（来自放射性核素，环境中排放或存在的天然放射性物质）影响等，制定与安全标准相一致的方法；

7）促进全球职业辐射防护标准的一致性和最优化。

从 IAEA 安全标准的运行模式来看，不能严格将 IAEA 安全标准等同于一般标准的运转。事实上，IAEA 的安全标准被定位于等同各国的安全法规（行政法规、部门规章和管理导则）。因此，它的运行模式不具借鉴意义。但有两点应在我国核电标准体系运行模式中加以注意和应用：一是ISO/TC85、IEC/TC45 的国际标准都遵守 IAEA 安全标准，三者在标准制定领域保持密切联系；二是 IAEA 安全标准体系设置严谨、层次分明，如图 4-1 所示，体现了很强的从上往下的设计手法。

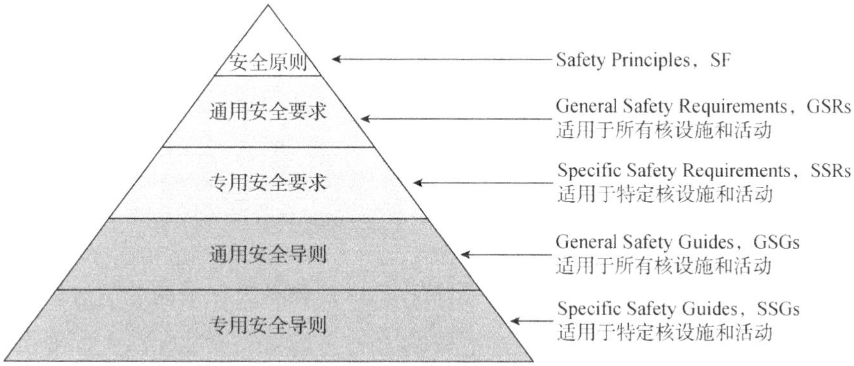

(a)

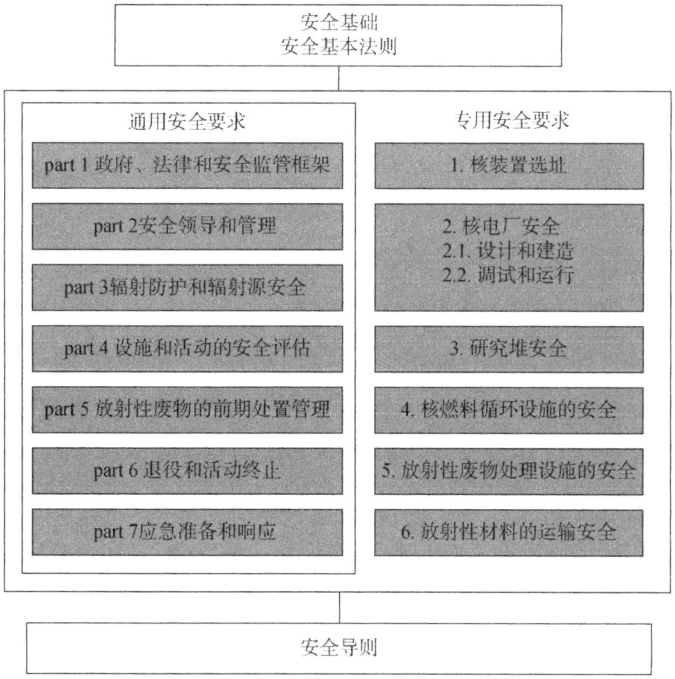

(b)

图 4-1　IAEA 安全标准体系

第五章　英国标准协会的标准化运行模式

5.1　概述

英国的标准大致分为英国国家标准（BS）和私人标准两个层级，相比美国等国家而言，英国国家标准的影响力远大于私人标准。私人标准由各社会团体（如协会和学会）制定和管理，而英国国家标准则是由英国标准协会负责统筹制定和管理。

英国标准协会（British Standard Institution，BSI）是英国政府承认并支持的全国性民间标准化机构，也是英国的国家标准机构，具有独立的法人地位。根据《皇家特许》（Royal Charter）的规定，BSI 的成立宗旨包括几个方面：1）协调生产者和用户之间的关系，解决供与求的矛盾，改进生产技术和原材料，实现标准化和简化，避免时间和材料的浪费；2）根据需要和可能，制定和修订英国标准并促进其贯彻实施；3）以英国标准协会的名义，对各种标志进行登记，并颁发许可证；4）必要时采取各种措施，维护英国标准协会的宗旨和利益。1988 年修订的《皇家特许》对 BSI 的职责和目标做了详细规定：一是，个人与公司进行协调，改进对材料、产品和方法的标准化和简化，从而简化生产和经销，改进对工作、安全、技术、服务和环境管理体系的标准化和简化，对一种用途或相同用途的物品，减少不必要的多样性带来的对生产时间和材料上的浪费；二是，为产品、服务、管理体系制定和采用质量标准，推进英国标准和国际标准的广泛采用，以及制定与之相关的时间表；根据情况，不定期地修订、补充和完善这些标准和时间表；三是，宣传、推广、提供系统评估服务、注册产品服务，测试及认证、培训、咨询和仲裁等服务。上述规定简而言之就是BSI的核心工作主要包括三项：一是推动、宣传和销售标准；二是注册、批准和加贴质量标志；三是市场营销，包括体系评价服务、测试和认证，以及培训。

BSI是世界上第一个国家标准组织，是世界上影响最大的国家标准化组织之一，也是目前世界上运作最为成功的标准化组织之一。BSI于1931年由BESA（英国工程标准协会）更名而来，BESA的前身是在1902年成立的标准化总委员会，1929年，BESA被授予皇家特许。BSI的标准化活动从一开始就影响到英联邦各国和其他一些国家。1946年，BSI组织召开第一次联邦标准大会，此次会议的召开推动了国际标准化组织（ISO）的成立。此外，BSI是ISO、IEC、CEN（欧洲标准化委员会）、CENELEC（欧洲电工标准化委员会）和欧洲电信标准协会（ETSI）的创始成员之一，也是这些标准化组织的所有高级管理委员会的常任成员，是国际标准组织秘书处五大所在地之一。早在20世纪50年代初，BSI就开始了向海外发展，70年代中期至90年代中期，BSI海外发展活动进入巩固和深入阶段，这一时期，以BS标准为基础而制定的世界第一个质量管理体系国际标准、第一个环境管理体系国际标准发布实施。如今，BSI已经成为一个按照国际公开股份有限公司模式管理的独立的全球服务公司，BSI的机构遍布世界各主要地区，在全世界31个国家拥有87个办事处，遍布北美、南美、欧洲、中东地区、非洲、亚太地区，在多个领域具有全球市场领袖地位。“全球财富500强”和“金融时报指数100强”中，分别有53%和83%的企业采用BSI的标准化服务。BSI业务涉及石油检验服务、环境和健康及安全认证、制造业和组装业产品评估、医疗器械质量评定等多个领域。其在2003年的营业额就已高达237亿英镑。

BSI在2009年发布的《英国政府2009年关于标准化方面的公共政策》中明确了标准化工作的指导方针和任务，文件指出，标准化是对政府政策提供支持的关键因素，包括竞争力、创新、科技。减少贸易壁垒、公平交易和保护消费者利益、环境和可持续性、公共采购、健康及安全、遵守法规等政策。标准化可以更好地促进法律的制定。

5.2 管理体制

英国的标准制定是民间主导模式。英国贸工部标准与技术法规司是制定标准、测试和认证政策的政府主管部门，但仅负责政策层面的管理。英国政府认为，标准的自愿性质决定了标准类文件应由非政府机构直接管理。政府应管理涉及国家安全、人类健康等应由政府强制执行的法规类文件，涉及技术问题的自愿性标准应由协会来管理。为此，具体的标准、测试和认证管理职能分别赋予两个机构：标准管理职能由 BSI 实施，测试和认证资格管理职能由英国认证服务局负责。

BSI 的英国标准管理职能来自政府的授权。相关的法规性文件主要有《皇家特许》《英国联合王国政府与英国标准协会关于认可 BSI 国家标准机构的谅解备忘录》《英国政府 2009 年关于标准化方面的公共政策》和《政府代表如何参与 BSI 英国标准委员会指南》等。英国政府以皇家宪章和签订备忘录的形式确定了政府与 BSI 的法律关系，BSI 的皇家特许规定 BSI 的业务范围包括研发、销售和推广标准，登记、批准和使用标准商标，从事系统评价服务、产品材料检验、测试和认证以及培训等业务。BSI 与政府签署的国家标准机构备忘录承认 BSI 的英国国家标准机构地位，双方本着平等、独立和服务于公共利益的原则，在备忘录中规定了 BSI 作为英国国家标准机构的责任和权利的同时，也规定了政府应尽的责任。英国政府非常重视对 BSI 标准化活动的参与，要求各部门向 BSI 技术咨询及政策委员会派出代表，参与其各层面的活动，并通过这种方式与民间组织联手，共同推动标准化的发展。同时，英国政府保证每年向 BSI 提供一定数额的资金，以支持其制定正式标准的活动；如果标准市场发生结构性变化，导致标准产品市场萎缩，BSI 无力承担过重的经济负担或产生严重亏损时，政府将提供相应的资助。

基于上述皇家特许和谅解备忘录，维护英国利益和政府政策是 BSI 开展标准化活动的一项基本原则。根据 1982 年的政府“白皮书”和政府与

BSI的谅解备忘录，各部门将不再制定标准，在立法和贸易中要更多地采用BS（英国标准）法律规定。而BSI对政府承诺：制定、维护英国立法或公共采购中所需要的任何标准；通过参与欧洲和国际标准化机构活动，维护和提高英国的利益；在保证国家标准机构收入的同时，考虑公共政策的利益；与政府合作，利用标准化为政策提供支持；保证适时提供符合各行业要求的，包括政府、消费者和小企业要求的标准化产品。

英国标准化的发展趋势是对内强调标准化对公共政策的支撑作用，对外英国强化标准化的国际影响力。虽然英国在标准和标准化方面一直走在世界前列，但正如英国政府在其发布的《英国10年科学与创新投入框架文件》指出的那样：英国要在高度激烈竞争的全球化经济中立于不败之地，只有保持强大的高技术和知识能力，吸引最优秀的人才和企业，将国家潜力通过创新转变成商业机会。这是新世纪繁荣的源泉，也是历史变迁的一次新机遇。围绕英国总体科技战略（要使英国成为全球经济的关键知识枢纽，同时成为将知识转换成新产品和服务的世界领先者）的要求，作为国家创新体系重要组成部分的标准，在实现这个总体战略过程中必将起到重要作用。为此，2003年，英国工商部（DTI）、英国标准协会（BSI）和英国工业联盟（CBI）共同制定的《英国国家标准化战略框架》，确定了标准化的任务就是维护企业、政府和社会的利益，进一步加强标准及标准化。标准化的前景就是使英国企业充分利用标准化的成果，从而使企业更具有竞争优势，进入新的市场并推动创新；通过对标准的有效实施，实现公共政策、法规监管和社会目标；通过建立协作、高效、能够反映所有标准化参与者不同要求的基层组织，支持标准化战略的实施。整个框架包括战略方向和实施框架两大部分，是英国未来标准化行动的指南，是一个动态的可持续发展的战略框架。框架规定了英国国家标准化总体战略目标和战略任务，并进一步分解，从政府、企业界、基础支撑体系、国际化、创新和宣传六大方面，细化了各方的战略方向、战略任务和主要工作，并提出了成功与否的衡量标准，整个框架的实施分成三个阶段，具体如下：

1）战略目标

确保对标准和标准化的理解和使用方面具有实质性的进步，以造福于英国企业界、政府和社会。

2）战略任务

a. 使英国企业界通过战略性使用标准，增强竞争优势，推广最佳经验，打进新兴市场、促进企业创新；

b. 使英国政府通过有效使用标准，满足公共政策、法律法规和社会目标的需要；

c. 建立一个和谐、有效和满足所有标准使用者不同需求的基础支撑体系。

3）各方的战略目标和任务

（1）企业界

a. 提高英国企业界对标准的认识和使用率。将标准作为主要杠杆，在技术和战略层面提高竞争力和生产力；

b. 甄别和确定标准化工作能为英国企业界创造机遇的优先技术、市场和工业领域；

c. 使用标准打开国际市场，提高生产力，加快进入市场速度，提升竞争优势，鼓励创新，减少法规制定成本；

d. 考虑到产业和市场结构的不同、生产服务类型的差异、技术发展速度的高低、产品生命周期的长短及其所处阶段的不同需求，应有足够的空间让企业界选择适当的正式标准或非正式标准，满足企业界的不同需求。

（2）政府

a. 为提高英国商业竞争力和支撑社会公共利益提供支撑框架，在政策、法规和政府采购等方面促进公共机构更加有效地使用标准；

b. 提升政府标准化工作的协调性，降低标准制定成本，保卫公共健康和安全，满足消费者需求，保障标准的有效实施；

c. 将标准化工作同诸如创新、可持续发展等关键政策的制定紧密结合；

d. 在政府采购工作中最大限度地使用标准，提高采购效率，增加中小企业在政府采购的市场机会。

（3）基础支撑体系

a. 建立一个和谐、有效、具有持续资金来源的标准基础支撑体系。这个体系所制定的标准应能满足所有标准使用者的不同需求；

b. 协调和管理各种因素，消除重复，最佳使用有限的资源；

c. 提升英国基础支撑体系的总体能力，探索标准化工作的新模式，为用户提供及时和相关解决方案；

d. 提高社会公众对标准化工作的参与度，保障标准对各利益方的有效平衡；

e. 为英国国家标准机构和其他标准支撑组织提供稳定、持续的基金。

（4）国际化

a. 以标准为手段，谋求更加开放的国际市场，减少技术壁垒；

b. 跟踪主要贸易国标准工作新动向，评估对英国的影响，使英国能有效应对竞争威胁和贸易壁垒；

c. 提高欧洲和国际标准化工作的效率；

d. 宣传英国和欧洲标准政策与准则；

e. 充分利用英国政府的驻外机构，通过标准提升英国的国际影响力；

f. 为优先国家提供目标明确的技术支持，包括对发展中国家的适当支持。通过知识和技术转让，加强英国同这些国家的友好关系；

g. 积极影响欧洲和国际标准，改进市场准入条款，减少对英国产品和服务的贸易技术壁垒。

（5）创新

a. 促进技术创新，提高标准对新技术、新工艺、新方法的驾驭和扩散能力，通过创新生命周期，有效管理知识产权和获得市场的认可；

b. 正确地应用标准于新兴领域，鼓励创新人员参与标准化工作；

c. 通过协调使用专利、许可、标准及其其他知识产权管理工具，最大限度地获取创新所带来的商业利益；

d. 利用标准促进新技术、新工艺和新方法的商业化。

（6）宣传

a. 建立标准宣传体系，使全社会了解标准和标准的作用。开发有效使用标准的实用技术，将标准化工作植根于科技基础；

b. 加强标准和标准化的宣传工作，使企业界和政府进一步将标准作为战略工具，使决策者充分了解标准的作用和效益，以及如何使用标准；

c. 提高目前和未来标准使用者参加标准化工作的参与度。建立标准需求第一联系人制度，减少重叠工作；

d. 将标准知识纳入商业基础技能政策体系。将标准化的概念纳入正规教育大纲，保障下一代标准开发和使用者对标准的认识达到适当的水平。

4）国家标准化战略框架成功与否的衡量标准

战略框架的成功与否主要通过上述六大方面主要目标的进展情况来衡量。定量衡量标准可通过企业界参与标准化的程度、所制定标准的市场关联度、新兴领域标准化工作水平、标准化创造的新的商业机会的价值、标准资源的可获得性和可理解性、政府在政策法规和采购工作中使用标准的程度等指标进行衡量。

5）国家标准战略框架实施的三个阶段

（1）第一阶段（打基础阶段）

a. 开发两个宏观和微观（商用）标准经济模型；

b. 建立并维护企业界联络网，确保英国和国际标准化工作的优先领域和专业领域有英国企业界的战略意见和呼声；

c. 建立和管理专门针对中小企业的标准化工作，为中小企业特别关心的问题，如：烦琐拖拉的公务程序、实施成本、代表权等，提出解决方案；

d. 及时研发标准，并保障用户能够获得；

e. 对如何结合专利、标准和其他知识产权管理工具，最大限度地实现创新所带来的商业价值提出政策指南；为贯穿产品整个生命周期的创新工作提供帮助；

f. 通过英国驻外使领馆，建立国际联络网，提高英国影响力，保障英国的商贸利益。

（2）第二阶段（提升阶段）

a. 面对企业界、政府宣传标准化工作的好处，印发标准指南材料，为企业界各个层面、政府各级官员应用标准提供支持；

b. 建立一个英国标准评价、优先领域的确定、各种资源的应用以及监测与管理的高效协作机制；

c. 建立英国标准化基础体系长期可持续发展基金，促进标准化工作对国民经济的影响和标准化创造价值的认识；

d. 提高国家标准体系的能力和透明度，使标准工作真正涵盖包括非正式标准在内的所有标准解决方案；

e. 通过国际标准体系，以优先市场和国家为重点，最大限度地施加英国标准和贸易的影响；

f. 解剖标准化工作的典型案例，处理好企业与政府的关系，加强同广大消费者的联系；

g. 激发企业界、政府和社会各界使用标准和参与标准研发的动力；

h. 研发教学工具和指导材料，寻求将标准纳入正规教学大纲的途径。提高社会各界对标准及其应用的认知；

i. 提供使用标准和标准化工作的培训机会。

（3）第三阶段（出成效阶段）

a. 各企业把标准纳入其战略规划，将标准作为提高竞争力和生产力的工具；

b. 政府了解标准可应用的公共领域，怎样应用，鉴别更加有效应用标准的途径和最佳方式；

c. 通过更为有效的英国国家标准组织和政府机构的互动，建立并协调系列标准选择方案，为政策和法规的实施中使用标准提供支持；

d. 促进政府采购工作。通过标准的使用，提高采购效率，增加供应商和政府机构的透明度，并为中小企业提供更多的机会；

e. 以英国国家标准组织确定的优先领域为基准，为发展中国家提供帮助；

f. 从标准化工作角度，不断跟踪有益于新产业、新技术、新工艺和新商业方式的切入点，并鉴别具体机会。

5.3 组织结构

BSI 现有工作人员 1200 余人，广泛的组织结构包括全体会员大会、执行委员会、专业理事会、标准委员会和技术委员会。BSI 的机构设置见图 5-1。

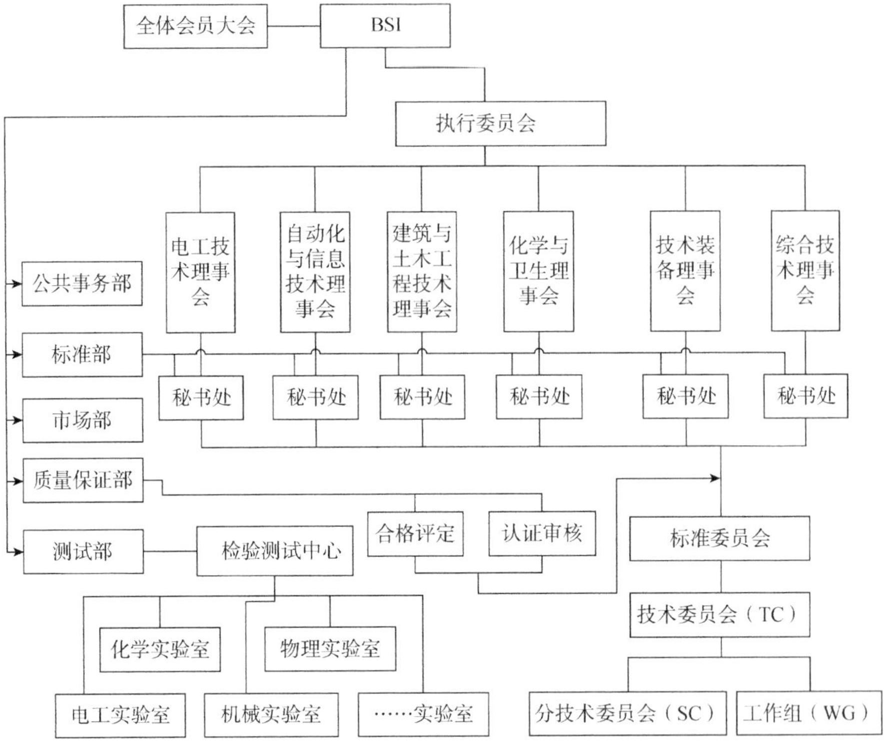

图 5-1 BSI 的机构设置

执行委员会是 BSI 的最高权力机构，负责制定 BSI 的政策，但需要取得捐款委员会的最后认可。执行委员会由政府部门、私有企业、国有企业、专业学协会和劳工组织的代表组成，设主席 1 人，副主席 5 人，下设电工技术、自动化与信息技术、建筑与土木工程、化学与卫生、技术装备、综合技术这 6 个专业理事会。

BSI共有五大业务部门，包括设标准部、测试部、质量保证部、市场部、公共事务部。其中的英国标准部可谓是BSI的标准核心业务机构。它对内代表英国国家标准机构，通过与股东协作，制定标准和应用创新的标准化解决方案，满足公司和社会需求。对外，在正式国际组织中代表英国，确保英国对研发欧洲和国际正式标准的最大影响。

从BSI的机构设置可以看出，BSI的业务管理分为三大部分。第一部分是标准化管理。由标准部与6个专业理事会相对应，标准部下设电工技术、自动化与信息技术、建筑与土木工程技术、化学与卫生、技术装备、综合技术六个标准处，分别承担其秘书处工作。标准部是标准化工作的管理和协调机构，BSI每三年制定一次标准化工作计划，每年进行一次调整，并制定出年度实施计划。第二部分是合格评定管理，由质量保证部负责。其中包括合格评定和认证审核以及BS风筝标志、安全标志和企业注册标志签发工作。第三部分是检验测试工作，由测试部负责。测试部下属的检验测试中心设有化学、物理、电工、机械等10个实验室，能够完全满足英国乃至世界对各类专业测试的需要。BSI市场部的主要任务是协助政府为英国出口商调研欧洲和世界市场情况，向出口商提供国外标准，技术法规和合格评定/认证等方面的技术咨询服务，承担BS标准的出版、发行工作。BSI于1966年成立了世界上第一个出口商技术服务部（THE）。

BSI共有3000多个技术委员会和分技术委员会，参加技术委员会工作的人员约30 000人，包括来自政府、工商界、科技机构的专家和技术人员。

5.4　标准制定

BSI并不直接制定标准，其主要职责是组织标准的制定。英国国家标准目前大多是由国际标准和欧洲标准转化而来，国际标准和欧洲标准已占国家标准总数的90%左右。事实上，在世贸组织的总体框架内，世界各国为了各自的利益，围绕标准的制定和国际市场的占领正展开激烈的竞争。发达国家都把国际标准竞争、控制国际标准的主导权作为经济竞争追求的最高目标，BSI 就是典型代表之一，BSI 标准部的主要工作基本都用在欧洲标准和国际标准上。而在剩余 10%左右直接制定的标准中，又有一部分是从英国有关协会团体标准上升为国家标准的。由此可见，BSI 的主要精力是放在对英国的标准化管理上。

BSI 的技术委员会承担具体的 BS 标准的制定及维护任务，这些技术委员会是由标准政策及战略委员会批准组建的工作机构。为了规范并有效开展 BSI 的标准化工作，BSI 制定了 BS 0《标准化原则》以及一系列的标准化导则和指南来规范英国的标准化工作。根据 BS 0 号标准的规定，国家标准的制定程序大概包括如下几个步骤：

1）提案：任何团体、公司和个人都可以向技术委员会提出制定某项标准的建议。标准提案通常由技术委员会制定，新提案提交给 BSI。

2）接受项目：委员会秘书在委员会的指导下，撰写项目报告，然后提交给相关的 BSI 项目接受小组审核。一旦正式接受这个项目，将会任命一个标准内容编写者。

3）起草工作：起草工作一般由小组内的专家与标准内容编写者共同完成。在最终定稿之前，草案可能由几个版本。

4）批准公共评议：草案分发给小组及其上级委员会批准，通常是两周时间。

5）公共咨询：两个月的公共评议期内使范围广泛的读者审核标准草案，以保证随后制定的标准具有透明性和可接受性。

6）评论解决方案：小组对在公共评议阶段收到的意见和建议以及内容编写者的意见进行讨论并做出决议，然后根据做出的决定对标准草案进行修改。

7）最终批准：内容编写者准备最终草案，并向小组及其上级委员会分发，在两个星期内批准。在标准签署出版之前，要向上一级相关委员会取得协商一致。

8）批准出版：相关技术委员会和技术委员会的秘书和主席批准草案出版。

9）出版：出版标准，新出版物的细节可以通过“标准更新”在 BSI 网站上看到。BSI 的目标是在 12-15 个月内制定完成并出版新制定的/修订的标准

10）审核。标准至少每五年复审一次，以保证其内容继续准确使用。

上述工作程序是 BSI 在长期的标准研发实践中摸索出的一整套适应市场规律、科学的判别标准和工作程序。这个程序简而言之就是项目提议-接受-起草与编辑-公共质询-评价-批准-公布和出版等一个完整的流程。其中，关于新项目或提议的接受，BSI 尤其重视标准的必要性和可行性，要求首先必须回答如下问题：

1）效益：对企业界和其他利益相关方有何利益？

2）成本：需要多少人时和成本？

3）技能：需要何种技能？该技能能否得到？

4）资金来源：该项目是通过销售回收成本，还是获得基金的支持？

5）交付时间：何时需要交付？

6）创新性：该项目是否同新技术、新市场和新商业模式有关？

7）变化性：该项目的引进是否对现有商业模式带来重大的转变或者帮助商家适应变化的市场？

8）国际竞争性：该项目是否有助于商家开拓海外市场？

9）国际影响力：该项目是否能在海外促进社会进步和价值提升？

10）技能和知识库：该项目是否有助于理解技术（包括技术和知识转移）、商业实践、标准的应用或自身的标准化？

11）教育：该项目是否支持一项或多项正规的教育大纲？

12）产品和服务采购：该项目是否促进产品或服务的采购？

13）公共采购：该项目是否促进政府采购活动？

14）消费者利益：该项目是否促进为消费者提供更好的产品或服务？

15）可持续性：该项目是否促进产品或服务的可持续性生产和使用？

16）商业效率：该项目是否促进了商业经济、效率和管理？

17）兼容性：该项目是否保证在商业、工艺、产品和服务中的兼容？

18）法规条理：该项目是否支持新的或现有的英国和欧洲法律法规？是否促进健康、安全、环境或其他法律法规的执行？

19）公共政策：该项目是否支持新的或现有的英国、欧洲或国际公共政策，或促进公共政策的贯彻执行？

20）同小企业相关的问题：该项目是否包含有小企业生产、使用或销售的产品或服务？该项目对小企业的执行成本影响有多大？

5.5 标准应用

在标准的实施维护方面，英国采取诸多政策来保障标准的实施。

通过技术法规引用标准来强制实施。对于事关国家利益和能够代表政府意志的标准，英国采用技术法规引用的方式强调推广实施。BS 0《标准化原则》强调指出被法规引用的标准具有强制性。为此，BSI 制订了《标准为政府提供解决方案》和《标准使法规制定更轻松》等文件来保障政府及其制定的法规对标准的使用。

同时，英国也通过合格评定制度推动标准实施。英国合格评定制度已经实施了一百年左右。BSI 同时负责标准的制定、提供实验室检测合格评定、认证审核以及 BSI 风筝标志的签发工作，既负责标准的制定，又负责推广实施，在制度上保证了合格评定的质量、标准的实施和风筝标志的信誉。

通过宣传教育构建良好的标准实施氛围。英国十分重视标准化环境的建设，并形成了对全社会进行标准化宣传教育的制度，如在商业领域编写展现标准化利益的指南性资料，提高商业对标准化的认可度，支持标准化在商业不同层次的运用；在政府层面，制定展示标准化利益的指南性资料，提高政府对标准化的认可度，支持标准化在政府机构中的使用；在知识产权管理领域，制定相应的政策和指导措施，旨在研究如何将专利、标准和其他知识产权一体化，成为有利的管理工具；在正式教育中引入标准化概念，研制标准化教育工具和指导材料，提升受众对标准的认知度。这些措施增强了全民的标准化意识，营造了支持标准化和监督标准实施的环境，而这一环境的形成，使得政府不必投入过多的精力监管标准的实施，可以放手由市场监督，制造商和销售商也能严格自律。

5.6 运行模式特点

BSI将自己定位为“一个独立的全球业务服务组织”，其管理也是“按照国际公开股份有限公司的模式”进行。其工作目标是“制定供全球使用的创新性标准”，英国政府每年向BSI提供资金支持。BSI的标准化工作对内对公共政策起到支撑作用，对外维护和扩大英国标准化的国际影响力。

BSI在进行标准化工作的过程中，以对公共政策的支撑作为标准化工作目标，与欧洲和国际标准协调一致为国家标准制修订方向，把满足市场需求当做标准化工作的基本动力，以国际化发展作为战略目标。

BSI制定标准的业务领域并非包罗万象，主要专注于优势领域。其传统优势领域为：健康、电工、工程、材料、化学、消费品与服务、信息技术，同时在交通、建筑、风险业、环境可持续发展、电子商务、信息安全、质量管理等领域不断开拓。

BSI要求标准制定有相关的人员参加，以便符合最大化人群的利益。BSI与标准制定委员会之间没有合同，没有雇佣关系，因此不需支付专家费。制定标准是为了行业利益。BSI的秘书处不是专家，真正的专家是委员会成员，秘书处与委员会的关系是合作关系。

BSI属于非营利机构，成本之外的盈余必须投资于业务的发展，不得用于分红。形成了公共事业和商务活动相互促进，以标准和与标准相关的业务（如：测试、认证等）养标准的自我循环、几乎不需政府投资的良性发展模式。可以说，BSI是通过测试、认证、标准技术信息服务等具有商业性质的活动收入再投资于标准研发的模式实现了自我滚动发展，实现了标准体系的科学化、市场化和国际化。

BSI的“标准化管理”“合格评定”和“检验测试”三大部分是一个相互融合的有机整体，共同构成了标准的制定和实施系统。标准、检测、认证三位一体的管理，是英国标准化健康发展的重要保证，也是其取得成功的一条重要经验。

第六章　美国能源部的标准化运行模式

6.1　概述

美国能源部是制定政府专用标准的典型代表之一。在美国的标准体系结构中，包含了三大类型的标准，即政府专用标准、国家标准和专业团体标准。这三种标准的制定主体和产生机制各具特点，其中国家标准的产生机制类似于英国的 BSI，另外两种是本次研究的重点对象。

所谓政府专用标准是指政府为完成特殊使命和职能而自行组织制定的为其自身使用的标准，包括政府采购标准和法规性标准。政府专用标准在 20 世纪 90 年代以前，即《美国国家技术转让与推动法案》出台以前，数量非常多，几乎与国家标准和专业团体标准的数量相当。由于政府专用标准主要是为了满足其采购需求，因而政府专用标准的一大特点是它以性能标准为主，而不是设计类等类型的标准。政府专用标准的另一特点是它往往具有强制效力，被视为是相应政府部门规章的一部分。

美国制定政府专用标准的部门或机构非常多，凡是需大量采购的政府部门几乎都制定自己的专用标准，如美国商业部、美国能源部、美国国防部、美国劳动部、美国运输部、美国环境保护署、科学技术局、国家航天航空管理局、联邦通讯委员会、美国食品和药品管理局等。其中与核有关的有美国能源部。

根据美国的《能源重组法案》确立的核工业军民分立原则，美国能源部（DOE）负责核能的应用、核材料生产、核废物管理和军事应用等活动的管理。在 DOE 的部门指令体系中，DOE 负责制定有不同层次的法规、指令和技术标准，其中标准被作为体系的组成部分。这些文件形成了金字塔结构的体系，位于顶层的是10CFR，第二层是DOE的顶层政策申明文件（P），第三层是DOE的要求文件（R），第四层是DOE的管理导则文件（P），第五层是DOE的技术标准（TS）。这一构架在整体上与美国核管会NRC的文件体系类似。

DOE依据其职责制定发布的一系列DOE技术标准（DOE Technical Standards），为实施法规要求提供了具体的标准化的方案、方法和技术准则。技术标准包括DOE Standards（STDs）和handbooks（HDBKs）两种类型的文件，标准号常以DOE-HDBK/STD-（4位数字）-年代号来表示。随着美国能源部推行采用自愿性协商一致的社会团体标准的政策以来，其自身制定的技术标准的数量越来越少，截至2014年10月，其批准的技术标准仅为187项。

鉴于DOE的上述职责范围，其发布的法规和标准基本不涉及核电厂，现行有效的技术标准中的核专属标准或直接相关的技术标准仅有数十项，且集中在非反应堆的核设施相关领域。

表6-1　美国能源部技术标准分类

文件数字代码	分类		文件类型
0001—0099	健康，安全与保障	HSS	TSP管理文件
0100—1000	健康，安全与保障	HSS	Interdepartmental文件
1001—2000	健康，安全与保障	HSS	DOE技术标准
2001—2500	核能	NE	DOE技术标准
2501—3000	经济影响	ED	DOE技术标准
3001—4000	国防计划	NNSA	DOE技术标准
4001—4500	人力资源	HR	DOE技术标准
4501—5000	能源信息	EI	DOE技术标准
5001—5500	放射性废物	RW	DOE技术标准
5501—6000	环境管理	EM	DOE技术标准
6001—6500	能源研究	ER	DOE技术标准
6501—6750	政策	PO	DOE技术标准
6751—7000	化石能源	FE	DOE技术标准

续表

文件数字代码	分类		文件类型
7001—7250	能源效率与可再生能源	EE	DOE 技术标准
7251—7500	实验室管理	LM	DOE 技术标准
7501—7750	现场管理	FM	DOE 技术标准
7751—8000	国家安全	IS	DOE 技术标准
8001—8250	邦纳维尔电力管理局	BPA	DOE 技术标准
8251—8500	电力营销联络员	PML	DOE 技术标准
8501—8750	教育和技术信息	ET	DOE 技术标准

6.2 管理体制

正如前文所述，美国存在三大类型的标准，一是政府制定的政府专用标准，另两者是民间标准化组织制定的社会团体标准（包括国家标准）。前者是事实上的技术法规，后者是协商一致形成的自愿采用的标准，共存的这两种标准，在早期并没有太多交集。美国逐渐意识到这种局面对美国的社会资源是一种很大浪费，也造成国家相关的活动运转并不十分流畅。为此，在 1995 年制订了《美国国家技术转让与推动法案》（The U. S. National Technology Transfer and Advancement Act，NTTAA），并于 1996 年 3 月 7 日被当时的美国总统克林顿签署将其纳入 H. R. 2196 法律中（公共法 104-113）。NTTAA 颁布后，为有效地实施 NTTAA 法案，美国的预算管理办公室（OMB）又进一步制订了《联邦参与制定和采用自愿一致性标准及合格评定活动》，规定了政府部门参与标准制定并采用标准细则，为其活动提供具体的实施指导。另一方面，为了对标准制定组织予以保护，免除其后顾之忧以鼓励制定更多更好的政府能采用的标准，又制订了《标准制定组织推动法案》。

可以说，《美国国家技术转让与推动法案》《联邦参与制定和采用自愿一致性标准及合格评定活动》和《标准制定组织推动法案》三部法律法规奠定了美国政府利用民间组织制定的自愿性标准以及鼓励和保护民间标准化组织的基础。也对政府专用标准的发展造成了根本性的影响。

《美国国家技术转让与推动法案》规定了美国政府部门应采用（民间标准化组织制定的）协商一致的标准代替政府专用标准，除非这些标准与法律不符或不适用，内容包括以下关键几条：

1）总则。除“例外原则”中所述情况外，所有联邦机构和部门都应该使用由自愿的协商标准组织制定或采纳的技术标准，作为执行政策或从事活动的方法；

2）协商与参与原则。在执行总则时，联邦机构和部门应该与自愿民间协商标准组织进行协商。如果技术标准涉及公共利益并与该机构或部门的职责、职能、优选权和预算资源相符合，应该与标准机构一起参与技术标准的制定；

3）例外原则。如果在执行总则时发现与现行法律相矛盾或无法实施，联邦机构和部门可以选用不是自愿协商标准组织制定或采纳的技术标准，但是该机构和部门的负责人需向预算管理办公室提交说明报告。

这一机制的建立，对国家而言，使得国家经济以更加统一的方式进行；对政府部门，避免了重复制定标准，减轻了政府部门制定专用标准的负担；充分利用了民间的专业知识和技术，为政府部门制定公共政策提供支撑；同时，对于标准制定组织，也为其制定相关标准提供机会和动力，激励其制定更具竞争力的标准。

自 NTTAA 等法律实施以来，政府充分利用了民间（政府以外）的专业知识和技术，民间制定的自愿性标准为美国的竞争力以及公共卫生、安全等方方面面做出了贡献，对美国社会和经济的贡献非常大。政府部门采用民间标准并参与制定这一制度在美国取得了重大成效，如美国国防部采用的标准约有 10 000 个。在核领域，美国核管会（NRC）采用的工业标准数百个，在其各类文件中引用工业标准达 5000 余处。

6.3 组织结构

在美国能源部的内部组织结构中，专门建立一个完整的围绕技术标准化工作而建立的组织体系，其中主要的组织结构如图6-1所示。

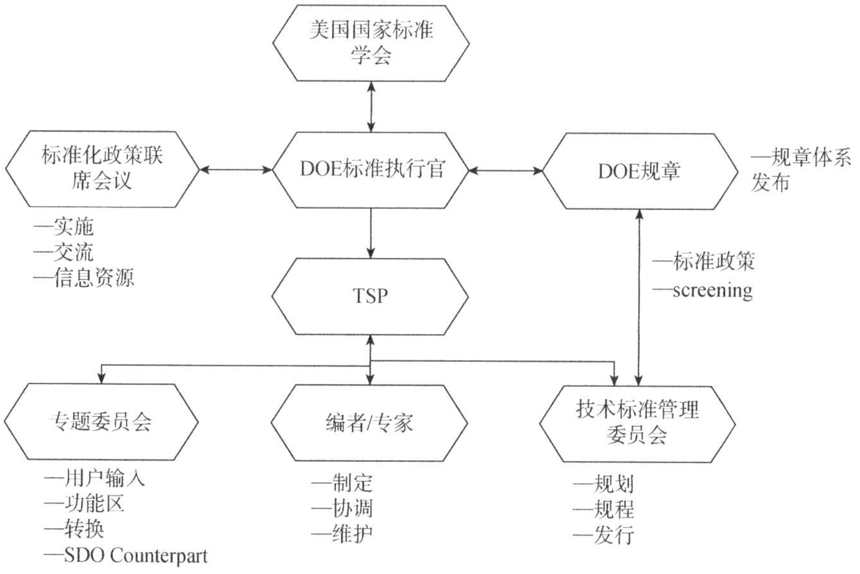

图6-1　DOE标准化工作组织体系

1）DOE标准执行官，根据OMB A-119的要求而任命，负责代表能源部参与美国的标准化政策联席委员会，负责与美国国家标准协会协调等，在能源部内部协调落实政策以及OMB A-119和公法104-113的要求。

2）TSP，是美国能源部的标准化管理组织。DOE的标准化工作由HSS（Health，SafetyandSecurity）办公室负责管理，核安全办公室负责人负责标准化日常工作，但会指定一名技术标准主管来负责开展具体工作，全面负责能源部标准管理体系的运转，包括制定必需的管理规定、要求和导则以便进行有效且高效的管理、协调和汇报与DOE技术标准相关的活动并确保

DOE 利益相关方的参与。

3）能源部技术标准主管（后文简称技术标准主管）主要负责如下事项：

a. 全面负责日常运行、项目计划程序策划和管理办法的制定；

b. 负责实施公法 104-113 和 OMB A-119 中的有关技术标准的要求，就标准化管理工作接受能源部高层的质询；

c. 与技术标准管理人合作，筛选所有的技术标准程序项目（新的标准草案，修订的标准草案以及标准作废），从而确保它们能够符合能源部的技术标准并且与现有非强制性标准不相重复；

d. 协助技术标准管理人和标准制定部门进行 DOE 技术标准制定和维护过程中的协调工作；

e. 带领并支持技术标准经理委员会确定技术标准管理办法的需求和存在的问题；

f. 在获得技术标准管理人赞同的情况下，按需要建立技术标准管理办法并使其在整个能源部被使用；

g. 回答有关标准化的问题，解决标准化政策事宜并协助技术标准管理人解决与实施技术标准管理办法有关的问题；

h. 鼓励 DOE 参与到非强制性标准的制定当中，确保 DOE 在非强制性标准制定组织中有适当名额的代表；

i. 作为与非强制性标准机构的联络人，参与 DOE 程序相关活动，在非强制性标准机构的活动有益于 DOE 程序、项目和设施时为其提供协助；

j. 在 DOE 内部就标准活动建立并维护信息数据库，涉及参与到非强制性标准活动中的技术标准程序参与者，以及可供 DOE 使用的非强制性标准；

k. 审核已经批准的 DOE 技术标准以确保在公布和发布前的完整性；

l. 为 DOE 的专题委员会的建立和运作提供支持。

4）技术标准管理委员会，是能源部内部结构中与技术标准管理相关的核心部门，由能源部技术标准主管进行管理，由能源部技术标准主管，环境、安全及健康办公室支持人员及合约商承包商支持人员（橡树岭国家实验室）组成。每一个主要能源部及合约商承包商组织中涉及技术标准活动的要素部门都指定单独的技术标准管理人员来参与能源部的标准化活动，大约包括 80 到 90 位指定代表所有主要能源部及合约商承包商要素的技术标准管理人员及候补人员。技术标准管理委员会为能源部通过环境、安全及健康办公室全面管理“技术标准管理规定”提供资源，为开展及改善技术标准管理办法担当实际的能源部全过程行动小组。技术标准管理委员会例行会面以讨论技术标准问题、进行战略上和程序上的规划、分析程序性能及识别和解决技术标准问题。技术标准管理人员也通过委员会参与开发、审批及实行技术标准管理办法。

5）技术标准管理人

a. 担任技术标准活动的组织联络人；

b. 协调所在单位或部门参与技术标准管理工作；

c. 参与技术标准管理人委员会，与 DOE 的技术标准主管开展合作；

d. 按照要求，开展技术标准的活动并全部告知技术标准主管；

e. 随时向所在组织的标准高级主管报告与其有关的技术标准活动；

f. 协助 DOE 落实公法 104-113 和 OMB A-119 的要求。

g. 与技术标准主管合作以筛选所有项目，从而确保它们能够符合技术标准的要求，并且与现有并适用的自愿一致标准不重复，使得这些满足其旨意的项目能够顺利通过项目的初始阶段。

6）专题委员会，是能源部认可且特许由能源部及合约商承包商的主题专家组成的团体。根据规定需按照领域组成不同的团体，如度量衡学、消防、质量保证、施工安全及实验室认证。专题委员会为技术交流提供重点，使得主题专家能够在全能源部范围内的技术标准活动方面合作。专题委员会的职能是独立的，这些团体可能是临时组建的，也可能是由能源部及合约商承包商现有的工作小组，如贸易特别兴趣小组组建的。他们通常关注能源部内部及国家和国际场所的技术关联的标准活动（例如标准复审）。这些团体通常是由一个主席和一个指导委员会协力组织且对合格的能源部及合约商承包商人员开放。

6.4 标准制定

美国要求政府专用标准要依据行政程序法规定的制定法规所用的程序。行政程序法规定了两种制定法规的程序，即非正式程序和正式程序。除非行政程序法规规定了其他的程序或例外或者其他法律另有规定，否则政府专用标准都按照行政程序法的第553节所规定的程序来制定。这个程序包括以下几个环节：

1）通告。除法律规定的例外情况和紧急情况外，政府部门必须把其所建议制定的政府专用标准草案或其主要内容，公布在《联邦公报》（或称联邦注册、联邦登记）上，供公众了解和评论。应当通告但没有通告而制定的政府专用标准，不能生效。

2）评论。评论是非正式程序中，公众或利害关系人对已经公布的建议政府专用标准表示意见的正式渠道，是公众参与政府专用标准制定的权利。公众提供意见的方法可以采取接受书面意见、书面资料方式，允许口头提出意见，也可以采取非正式的磋商、会议、咨询和其他可以供公众提出意见的方式。

3）公布最终政府专用标准。最终政府专用标准是行政机关经过评论以后制定的规则，只有在《联邦公报》上公布的政府专用标准才能成为正式法规。公布最终法规是非正式程序的最后环节，联邦行政程序法要求在最终法规中必须包括一个序言，简要说明制定法规的根据和目的。

4）政府专用标准生效的日期。最终政府专用标准的公布是政府专用标准生效的前提，没有公布的政府专用标准，对不知情者没有效力。法规一旦公布以后，为了使受法规支配的人有时间了解政府专用标准，生效日期和公布日期之间通常有30天的间隔。

美国能源部也不例外，它在此基础上，进一步细化制订了美国能源部技术标准管理办法，规定了如何发起、筛选、开发、协调、审批及维护能源部技术标准。这些管理办法在落实《美国国家技术转让与推动法案》等法律法规的要求的基础上，同时将能源部的 1300. 2A 指令中的众多的“如何做”的详细信息移至技术标准管理办法，将这些现有要求转换为结果导向形式，以新的形式巩固必要的要求，将并修订更新能源部组织和职责以体现当前能源部结构及功能。

能源部的任何个人在发觉需要新的能源部技术标准时，应与其组织的技术标准经理协商审查技术标准管理规程，查找信息，或联系技术标准管理办公室获得指导。技术标准管理办公室会提供可以从标准开发组织获得的与技术相关领域的现有自愿一致标准的相关信息。组织的技术标准经理会与其管理人员合作以验证需要开发一个新能源部技术标准。如果有现成的自愿一致标准而未使用，每一个组织可能都需要证明其作出的努力（根据公法 104-113 的要求这是必需的)。每一个拟议的技术标准项目的注册和行政上的处理都通过技术标准管理办公室进行。技术标准管理办法提供电子记录以便可以通过互联网访问能源部技术标准的拟稿及终稿。发起并准备拟议的能源技术标准的组织（准备活动）负责征集意见并进行适当的处理。能源部技术标准的最终审批在所有的技术标准管理流程都完成后由准备活动的高级管理人员进行。对意见处理或最终审批的诉求可以由能源部技术标准主管处理。

由能源部开发及使用的技术标准通常是公认的标准开发流程的产物，由公认的主题专家通过合理的审核及意见处理流程进行。整个流程涉及公开性、利益平衡及正当程序。没有按照此公认流程进行开发的能源部技术标准可能在技术或程序上的没有可信度或不能被能源部或合约商承包商部署组织、内部及外部监督组织或指定用于主要关注能源部技术主题的办公室接受。

1）技术标准的申请

当需要某一技术方法或准则以作为执行 DOE 要求的手段，且又缺乏适用的自愿一致标准时，就可发起和制定 DOE 技术标准。发起并制定能源部技术标准的流程如下：

a. 当相关方认为有必要制定一个 DOE 技术标准时，经与所在单位或部门的技术标准管理人就项目进行磋商后，就可准备项目申请以发起开始制定 DOE 技术标准的请求。项目申请必须鉴别可能适用的自愿一致标准，并论证为何自愿一致标准不能满足 DOE 的需求。在程序上，项目申请必须经过申报单位的相关责任人和 DOE 联邦技术能力委员会（FTCP）主席的批准。

b. 能源部标准化主管必须审核项目申请的完整性，如果是，就需将其分发至所有相关技术标准管理人进行为期 15 天的协调。

c. 在申请获批之前，申报单位必须解决所有参与“项目申请”评议的技术标准管理人提出的争议。如果争议无法消除，则应启用争议解决程序。在发起某个 DOE 技术标准项目时，必须获得所有相关单位或部门的一致同意。

d. 如果项目申请得到了所有相关的技术标准管理人的支持，则能源部标准化主管就会赋予一个项目编号，并将已发起一新项目的信息通知 DOE 的所有相关组织。

e. 申报单位必须编制好 DOE 技术标准的草案，必要时可由编写团队来协助编制。

2）技术标准的协调

所谓协调就是交流意见和协商的过程，是指将拟议的能源部技术标准提交到主题专家及能源部及其合约商承包商之间适当的、有兴趣的以及受影响的各方以征集其技术及程序方面的意见的过程。协调可通过共识决定的方法来开发标准并使最终产品有益于许多组织。

一旦准备活动开发出了合适的草案，那么拟议的能源部技术标准将会在技术标准管理网站发布以通知技术标准管理人员可以审核能源部技术标准的草案。然后技术标准管理人员就会负责将拟议的草案传给其组织中适当的主题专家。主题专家需在 60 天的时间（随草案所附的协调信中有作规定）里完成其审核并将其意见返回到准备活动。

在协调过程中，能源部主题专家及其他技术审核专员在审核能源部技术标准及标准开发组织的自愿一致标准方面的技术能力对安全来说是至关重要的。能源部开发、审核及协调过程的成功与否取决于合格的能源部审核专员的参与。能源部技术标准管理人员及组织的管理人员会基于个人兴趣、职位及资格包括教育、经验及培训等方面来从各自的组织及设施中选择要参与的主题专家。

能源部的技术人员基于其职位描述及表现要素所体现的教育、经验及培训情况进行分配不仅体现了对教育及经验的要求，也体现了知识、技能及能力对技术岗位的重要性。能源部合约商承包商指定的标准进行技术人员，对涉及核安全领域的人员应使用能源部附加的程序比如技术资格认定程序（TQP）来鉴定，该程序是标准开发及审核流程的技术能力鉴定的标准。能源部专题委员会推荐的相关专家，则按照 ANS 3.1 的有关核安全资格认定来鉴定，从而对技术标准的审核给予支持。

此外，代表能源部参与标准开发组织自愿一致标准开发过程中的工作组及技术委员会的联邦及合约商承包商人员需接受标准开发组织的资格审核以验证其技术背景及经验。

新草案以及 DOE 技术标准的修订和废止都是通过美国能源部的 RevCom 系统来进行协调的。依照审核结果可进行完整或有限协调，DOE 技术标准的协调流程如下：

a. 申报单位必须将 DOE 技术标准草案连同经由高级主管批准的协调备忘一同发送给技术标准主管；

b. 技术标准主管必须将技术标准草案上传至 RevCom 系统，并基于该标准在批准后将如何使用这一原则，给出适宜的审核结论（完整协调还是有限协调）。需完整协调的 DOE 技术标准草案交由所有与 DOE 相关组织的技术标准管理人来开展为期 60 个日历天的审查，包括承包商的技术标准管理人。需有限协调的 DOE 技术标准草案则仅交由将应用该标准的 DOE 相关组织来开展为期 30 个日历天的审查。

c. 技术标准管理人必须选择合适的专家来审查这些上传至 RevCom 系统的 DOE 技术标准草案。

d. 申报单位必须在 30 天内回应并解决专家提出所有的所有重要意见和建议，然后提交一个有红色删除线标记的技术标准草案的最终版本，以供上传至 RevCom 系统投票表决（表决时间通常为 10 天内）。

e. 在技术标准报批之前，申报单位必须解决所有来自各单位技术标准管理人的不同意见。若不能与提出意见的技术标准管理人达成一致，则在分歧提交至负责此项目的高级主管时启用争议解决程序。在技术标准获批之前，所有相关的组织必须一致同意［注：按照 DOE 指令 410.1，有一些技术标准必须获得“中央技术处”（CTA）的同意］。

上述过程，对于意见征集和处理如下：

f. 意见是由标准制定部门及所在组织的技术标准管理人通过信件和草案（通常通过电子邮件的方式）正式地进行征集，然后标准制定部门按照规程通过审查部门来协调、审核并处理这些意见。在所有的意见得到适当的处理之前不会提交能源部技术标准予以审批。标准制定部门会对意见处理做记录并由组织的技术标准管理人保存。

g. 意见处理是将草案的审核意见并入最终的草案文件且使该文件被所有的评论组织（反馈意见的部门和单位）所接受的过程。

h. 标准制定部门与标准审查部门是意见处理的两大主要角色。标准制定部门负责编写草案并为协调做准备。而标准审查部门则提供关于拟议的能源部技术标准的意见并通过其技术标准管理人整合这些意见。在协调过程结束且审核活动已提交意见之后，标准制定部门必须处理这些意见以满足要求。如果发生意见没有被有效处理的情况，可通过相关规定来申诉。

i. 意见有建议性（编辑性）和必要性（技术性）两种类型。建议性意见包括综合言论、问题及编辑上的变更。必要性意见一旦没有被采纳，审核活动会宣布该文件不能通过。申诉程序一般只用于处理必要性意见。

3）DOE 技术标准的批准

当标准制定部门、标准审查部门及标准制定部门的高级经理都对与能源部技术标准草案有关流程及意见处理表示满意，且该标准遵循技术标准管理办公室的流程时，标准制定部门的高级经理有权批准该标准。

当所有的意见按照标准活动及每一个标准审查部门的要求处理完成时，标准制定部门的高级管理人员签字通过该文件表明所有的必要意见都已处理。高级经理会将完稿副本及批准文件的电子档附上表明审批及担保意见处理的说明信一起送到技术标准管理委员会。技术标准管理人必须进行格式审核，以确保获批的 DOE 技术标准已做好发布准备，之后将获批的 DOE 技术标准上交。技术标准主管必须进行最终的格式审查，之后将文件作为批准的 DOE 技术标准发布在网站上。

6.5　标准应用

正如前文所述，政府专用标准虽被归入标准的范畴，但随处又体现着它的类似法规属性，除了前文所述的要求其按照法规制定程序来进行制定，即遵照行政程序法规定的程序之外，它还具有强制效力，各个政府部门往往将其视为部门规章的组成部分。因此美国能源部技术标准是强制执行的，实施制度毋需多言。当在能源部指令和安全分析文件中被引用时，或在能源部规定、条例及规则中强制使用时，以及在能源部采购及“产品”中强制使用时，能源部技术标准及自愿一致标准即在能源部内部被“使用”。

美国能源部建有技术标准信息系统（TSIS）和技术标准管理主页。在技术标准信息系统数据库（只限技术标准管理办公室访问）及技术标准管理主页（通常可通过互联网访问）编辑且维护着广泛的与技术标准相关的数据及信息。技术标准管理主页包含所有现有和起草的能源部技术标准、技术标准项目信息、标准开发组织参与数据、专题委员会信息、技术标准管理规程、标准论坛和标准行动简报、链接和参考、组织的技术标准管理人员及其他联系方式。

6.6　标准维护

能源部认为其技术标准对能源部的各个方面的运作都会产生诸多影响，因而这些标准应包含准确反应用户需求、最新技术、现代工业实践、能源部采购实践、合适的检测方法。为此，要求应基于用户的反馈和周期性的标准复审，相关部门或单位应持续更新或确认技术标准中信息的有效性，即开展标准的维护活动，直到该标准被替换或废止。为了保持技术标准对能源部的效益及技术适用性，能源部的技术标准管理办法规定所有的能源部技术标准必须周期性的进行维护，规定能源部技术标准自其发行日或上次更新日起五年内必须进行审核，或者有必要则随时开展复审和维护。根据复审结果，可能会有许多不同的举措。具体做法是在每个财政年度开始时，相关部门需将到审核期的标准列表提供给技术标准管理人，然后由技术标准管理人通知其组织合适的人员开展复审，复审的结果包括：修订、变更通知、重申、复原、撤销以重新设计或取消。至于采取哪种结果则视该标准目前的作用而定，即是否：

1）仍在被使用；

2）需要升版以反映新的需求或技术；

3）需要在编辑上稍做变更；

4）需要恢复为可行的工作文件；

5）不可用于新的设计，而只能用于现有的设施或设备；

6）不再需要，或已被转换为自愿一致标准。

从技术标准被发布直至废止期间，技术标准管理人持续负有维护的责任，应确保在组织内部执行相应的能源部技术标准维护活动。该组织的标准主管人员应当指定一名审查人员负责由该组织编制的每份 DOE 技术标准文件。

能源部对标准的维护需求源于两个渠道：

1）用户反馈。这些来自行业、程序办公室、项目办公室、采购组以及其他使用 DOE 技术标准的用户反馈是标准有效性是否满足 DOE 需求的重要指标。相关组织应当鼓励并对用户反馈做出及时响应。

2）标准的定期复审。所有 DOE 批准的技术标准都要求在最后更新（即修订或确认）的 5 年内进行审查，该流程通常被称为定期复审。在每个财政年度初期，会制定一份在该财政年度所有年限满五年的 DOE 文件清单，并将其提供给相应的技术标准管理人。每个制定过标准的部门都应审查该份清单（必要时，需进行用户意见调查），对其负责的 DOE 技术标准开展全面审查，并按需要采取下列行动：

a. 如果清单中的信息不正确，以书面方式联系管理部门做出修正。

b. 如果标准在技术上是最新的，但是需要做出管理性/编辑性变更，则出具变更通知。应当注意，变更通知不会重新设定一个 5 年的定期复审时间。可能会将此变更通知与重申（重新确认）通知合并，从而重新设定定期审查时间。

c. 如果标准在技术上是最新的，且不需要上述的变更，则出具重申（重新确认）通知。

d. 如果现行标准需要被修订，也即该标准在技术上不是最新的，则按照要求提交项目修订的理由声明。

e. 如果标准在技术上不是最新的，且未被用于任何 DOE 设施，则按照要求废止该标准。

f. 如果标准计划转换为一项非强制性（自愿协商一致）标准的备选标准，则按要求办理。

g. 如果起初制定标准的部门不再存在，或其主席/作者已被调整，则发起组织的技术标准管理人应任命一位新的主席/作者。

如果制定过相关标准的部门在收到标准复审通知后 1 年内未能采取相应的行动以进行文件更新，那么能源部可能会采取行动废止这份标准。技术标准管理办公室将联系其他技术标准管理人是否愿意承接维护任务，如果在发出计划废止通知后，有另外的组织或部门提出承接该项标准的意向，则可以将该标准转移至该组织进行维护，如果没有则废止该标准。

能源部技术标准维护的流程图如图 6-2 所示。

如前所述，能源部技术标准的维护结果包括修订、变更、重新确认和废止等。

1）修订

需要修订的情形包括两种：（1）当标准需要对文本内容做出技术变更时，或（2）其他类型的变更对标准内容影响超过 25%（即使变更页小于 25%，原制定部门和标准管理人可自行决定是否当做一次修订来处理）。技

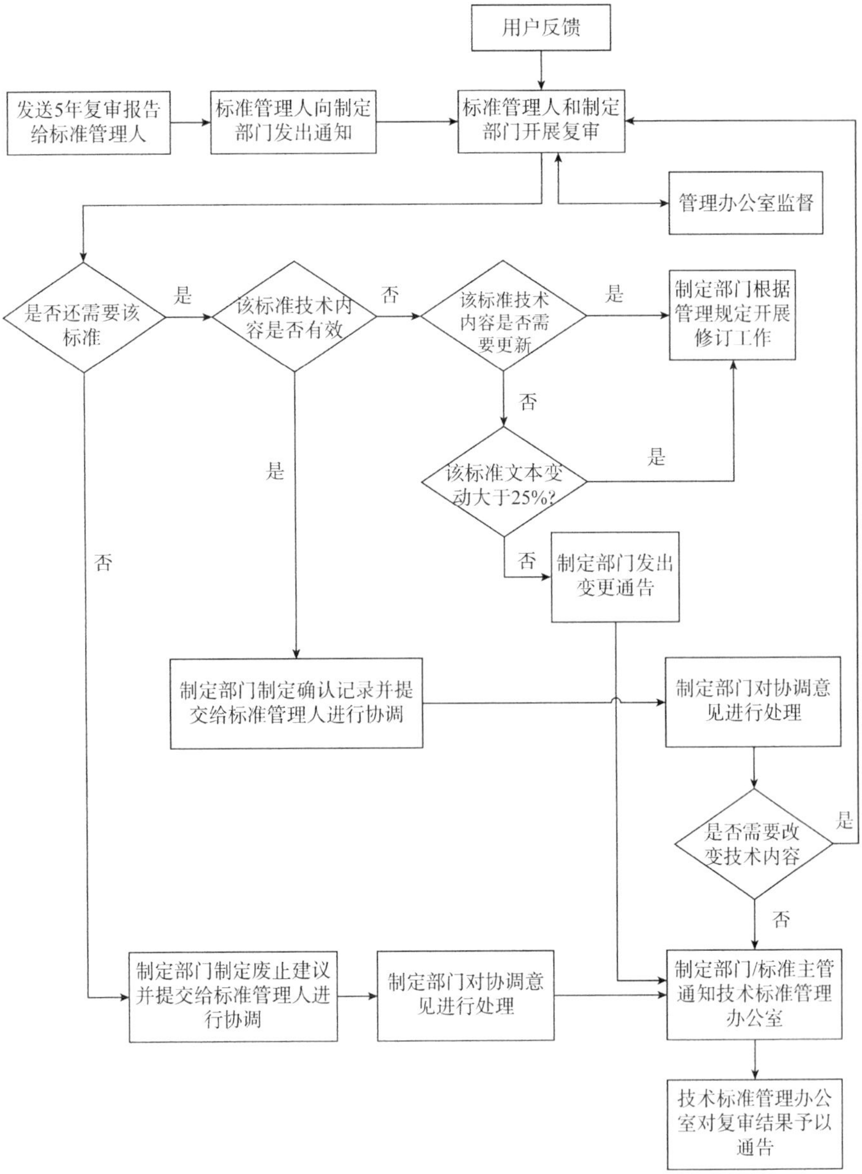

图 6-2　DOE 标准维护流程图

术上的变更通常是源于相关运行经验信息、技术改进、政策变化、技术标准中的参考或引用标准的更新。做出修订的需要通常是由原来的标准制定部门予以确认的，同样也可以由任意一位用户通过书面通知该部门、技术标准管理人或技术标准办公室做出。不仅现行有效的标准可以修订，之前发行但被废止的标准同样可以通过修订而重新恢复使用。

2）变更（修改单）

对于非技术上的，并且其影响不超过页面25%的变更可以通过变更通知书（修改单）来处理。这些非技术性变更包括：印刷、拼写和数字错误，更新未被引用的参考，管理上的变更（例如哪些与组织架构有关的内容）。在确定变更的页面影响百分比时，技术标准的附录不在考虑范围之内。附录是用来提供补充信息的，因而，在确定是否可以处理变更通知时，这些内容不被计入页面内容。变更通知无需项目登记或通过整个 DOE 审查的协调。活动准备部准备一份变更通知（见表6-2）并在相应 TSM 和 TSP 赞同的情况下批准变更。

表 6-2　变更通知（修改单）样表

第×号修改单

对应标准编号

××年月日

页/节	Change 变更
扉页	格式和字体大小调整
第 2 页/4. h 节	参考从 DOE M 470. 4-1Chg2《保障措施和安全规划管理》，日期为 2010 年 10 月 2 日更新到 DOE O 470. 4B《保障措施与安全程序》，日期为 2011 年 7 月 21 日的文件内容
第 2 页/4. i 节	参考从 DOE M 470. 4-2A《实体防护》，日期为 2009 年 7 月 23 日更新到 DOEO473. 3《保护程序操作》日期为 2011 年 6 月 27 日的文件内容
第 2 页/4. j 节	参考从 DOE M 470. 4-4A，Ch1《信息安全手册》日期为 2010 年 10 月 20 更新到 DOE O 471. 6《信息安全》，日期为 2011 年 6 月 20 日的文件内容
第 2 页/4. k 节	参考从 DOE M 470. 4-5《工作人员安全》，日期为 2005 年 8 月 26 日更新到日期为 2011 年 7 月 27 日的 DOE O 472. 2《工作人员安全》的文件内容

3）重申（重新确认）

重申表明已经按照要求对现行有效的技术标准执行了一个 5 年审查，并且已经确定该标准对 DOE 继续有用。为不影响该标准的原有实施，原制定部门应当与引用或参考该标准的有关能源部指令部门进行协商，以保证重申的适宜性。重申通知不要求项目登记，但原制定部门必须对协调流程期间接收到的任何评论做出评估，从而确定重申是否适当或标准变更是否是被需要的。如果所有相关 DOE 部门均表赞成意见，则重申通知即被批准。尽管重申通知没有影响技术标准的内容，对承担责任的制定部门的变动可能会在此通知中被公布。

4）废止

在下列三种情况下，现行的 DOE 技术标准应被废止：（1）该标准已经被转换成一项非强制性标准（非政府标准）；（2）标准已经被另外一份 DOE 技术标准或 DOE 要求文件替代；（3）不再需要该标准。当原制定部门拟废止该标准时，应留出不少于 60 天的时间给技术标准管理人和其他用户进行评议，并同时给出申明——可能仍然需要该标准的技术标准管理人应当承担起维护该标准的职责。

6.7 运行模式特点

美国能源部技术标准的标准化运行模式与 ISO 的运行模式相比，有很大不同。这些不同主要体现在以下几个方面。

1）美国能源部的技术标准并没有系统的体系规划，仅仅是简单的分类。标准的制定和维护源自能源部完成自身职责和任务的需要，且受美国标准化法律法规的影响，其技术标准数量在不断减少。标准化管理部门联合相关单位的标准管理人尽管会制定年度目标，但这是一种短期的、局部的、零散的、源自短期需求的规划。

2）美国能源部的技术标准虽然被纳入标准范畴，但它的制定和维护仍当做技术法规在管理。宏观上，要求按照行政程序法的第 553 节所规定的程序来制定。

3）组织结构上，它是以标准管理人为中心来组建的，通过标准管理人将相关的部门、单位和专家联系在一起并协同工作，并且标准管理人具有相当大的权限，包括专家推荐和赞同权限等。因而，可以说能源部的技术标准更加侧重程序上的管理和协商一致。

4）技术领域的机构，主要是专题委员会。它部分充当了常规意义上的技术委员会的角色，譬如为标准起草、审查等提供意见和建议。

5）协调过程分为两个阶段：一是征求意见和意见处理阶段，二是协商阶段。在意见处理阶段，要求全部处理并与意见提出者沟通以达成一致，才能进入协商一致阶段。在协商阶段，要求协商一致后才能进入下一个阶段，即批准阶段和发布阶段。

6）技术分歧主要依靠征求意见及意见处理过程来解决，并且一旦有主要技术内容改变，则须重新征求意见并处理；

7）在意见处理过程中，分成了三个级别的协商，按照管理人的级别和权限，下一层协商不成，则进入更高一层的协商，直至最后由美国能源部技术标准主管来协商并裁决。

8）标准的格式问题统一由标准管理人和标准主管来分别完成。

9）出于对标准质量的另一种形式的把关，美国能源部要求对专家予以质量保证。美国能源部要求标准技术管理人和专家具备应有的知识、技能和能力，以确保它们在相应的专业领域具备合格的开展标准制定和审查的能力。为此，要求在挑选这些专家时，要求他们通过资格认定，包括能源部技术资格认定程序（用于联邦核技术人员），或者美国国家标准学会/AN3. 1-1987《核电厂人员挑选、资格认定及培训》（建议用于能源部专题委员会）等。

10）正如前文所示，美国能源部的技术标准本质上是一种强制性标准，是技术法规，因而它的实施是强制性。也因为这种强制性，保证了在能源部这种侧重程序管理的模式下，标准的质量和参与各方的积极性。

11）美国能源部技术标准的维护制度也较为简单，并没有从根本上设计一种能主动吸纳新技术新要求的制度，更多是依靠五年一度的标准复审和用户的主动反馈。

总的来说，美国能源部标准是一种特定类型的标准，它的运行模式也是特定目的和要求的产物，不具备普遍参考意义。值得借鉴的主要包括：1）加强对标准化专家的要求，通过相关制度化的资质鉴定手段，保证参与专家的整体水平，从而保证标准的质量和工作的高效开展；2）开展绩效评估，评估每项标准的制定和应用情况；3）为每项标准指定维护部门，譬如原编制单位，并定期跟踪和分析标准的应用情况和其相关技术的发展情况。

第七章 美国机械工程师协会的运行模式

7.1 概述

与政府专用标准相对应的是民间组织制定的自愿协商一致的专业团体标准。美国机械工程师协会（American Society of Mechanical Engineers，ASME）标准是这类标准的代表，同时也是美国的核标准的主要组成之一。

ASME 成立于 1880 年，是一家非营利性的专业组织，大约拥有 125 000 个成员，主要从事发展机械工程及其有关领域的科学技术，鼓励基础研究，促进学术交流，发展与其他工程学、协会的合作，开展标准化活动，制定机械规范和标准。ASME 不但是一个有很大权威和影响的国际性学术组织，也是世界上最具影响力的民间标准化组织之一。自成立以来，ASME 引领了机械标准的发展。ASME 于 1911 年编制锅炉压力容器的建造安全规则（所谓建造是一个概括性的术语，它包括设备在制造和安装中要求的材料、设计、制造、安装、检验、试验、检查和鉴定），规定了强制性的最低要求以及维护和运行的建议。1914 年出版了动力锅炉规范、1925 年增加了压力容器规范、1965 年又增加了核动力装置规范，同时，每年都有修改和增补，并纳入第二年的新版。从最初的螺纹标准开始到现在已发展了超过 600 多个标准，其标准在全球 90 多个国家被采用。其中广为人知的 ASME BPVC 第Ⅲ卷《核设施部件建造规则》基本上已成为事实上的美国国家标准。

ASME 也是 ANSI（美国国家标准协会）五个发起单位之一，协助提出主要的 ANSI 机械类标准，并代表美国国家标准委员会技术顾问小组，参加 ISO 的活动。

ASME 在机械工程方面提供质量计划，举行会议、展览等以更新机械工程师的知识，进行机械工程方面的技术开发与应用。在会议方面，ASME 组织了大量的技术会议，包括国际核工程大会和核技术研讨会，以及众所周知的 ASME 标准周等。这些会议传递了大量的技术信息。在出版方面，ASME 管理着全世界最大的技术出版署，出版各种专业参考书籍以及发布会议报告。如《ASME 燃气涡轮机和电力工程》，汇集了全球各地关于核工程的优秀原创科技论文，目前发表的论文主题涉及核反应堆设计（LWR、气相、液态金属、核聚变）、燃料循环和废料、材料、系统、结构和组件、安全性、流体热工水力、热交换和使用新型工作流体的热动力循环，实现了在一本杂志中同时涵盖高效发电、组件设计与开发、安全性和电厂分析等多个不同的研究领域。与核能和发电有关的专业参考书籍还包括《核心问题：今日核电剖析》《核设施退役手册》《电力工程应用中超临界压力下的热交换和液阻》《RAMCAP 标准（加强版）》（所有危险风险和恢复力）以及数种《ASME 锅炉与压力容器规范》补充指南。ASME 以手册的形式发表大量相关的技术报告，报告的内容涵盖核废料、尤卡山（Yucca Mountain）、高温气冷堆用石墨以及高温材料应用等。

ASME 没有明确提出的标准体系，但在其悠久的发展过程中逐渐形成了协调的标准体系，标准的设置、标准的接口和标准内容的统一和协调性都充分说明了这一点。ASME 的标准体系结构可归纳如下。

在体系的分类划块方面，ASME 按照不同的对象、专业或领域，以不同的标准代码给出了其标准的总体结构，涉及 74 个领域（广义）的 755 项标准。这种形式的标准体系详见表 7-1。

表 7-1　ASME 标准领域划分

序号	类别代码	所属领域	标准数量[a]
1	A112	卫生器材、设备、设施规范	38
2	A120	动力平台、移动梯和桥式起重机建筑维修	2
3	A13	管道系统识别	1

续表

序号	类别代码	所属领域	标准数量[a]
4	A17	电梯和自动扶梯	21
5	A18	平台升降机和楼梯升降椅安全标准	3
6	A90	载人电梯安全标准	1
7	AG	核空气和气体处理规范	4
8	ASP	汽车服务和维修产品	1
9	B1	螺纹规范	22
10	B107	五金工具规范	12
11	B133	燃气轮机安装声音排放	1
12	B16	阀门、法兰装配及垫圈规范	58
13	B17	键和键槽	2
14	B18	螺栓、螺母、螺钉规范	68
15	B20	传送带及相关设备安全标准	2
16	B27	通用等截面螺旋保持环	2
17	B29	链条传动组件规范	16
18	B30	吊钩和起重设备规范	46
19	B31	各种压力管道	32
20	B32	扁平、圆形、方形、矩形和六角形金属制品的优选米制尺寸	1
21	B36	不锈钢管等	3
22	B4	优选米制公差与配合	2
23	B40	压力表、温度计、限压阀等规范	2
24	B46	表面纹理	2
25	B47	量规	1
26	B5	机床的规范	18
27	B73	卧式、直立式离心泵	3
28	B89	测量用器材的规范	24
29	B94	车床用刀具的规范	17
30	BOI	ASME 钢印持有导则	2
31	BPE	生物工艺设备	5
32	BPVC	锅炉及压力容器的规范	66
33	BTH	吊钩下部提升装置的设计	4

续表

序号	类别代码	所属领域	标准数量[a]
34	CA	合格评定要求	1
35	CSD	自动燃烧锅炉的控制和安全设备	1
36	EA	能效评估	8
37	FFS	适用性评价	3
38	HST	环链提升机性能标准	7
39	MFC	流体测量相关	21
40	N278	核电厂自力式和动力式安全相关阀门功能	1
41	N509	核空气净化设备和部件	2
42	N510	核空气处理系统试验	2
43	N511	核空气处理系统的在役试验	1
44	N626	审查检验机构、核监督员和核监督审查员的资格鉴定和责任（QAI）	4
45	NOG	核用桥吊和起重设备制造规则	1
46	NQA	核设施质量保证大纲	4
47	NTB	风险评估的培训大纲	1
48	NUM	桥式起重机、单轨铁路的建造规则	1
49	OM	核电厂运行和维修	6
50	P30	负重或相关设备的负载移动的规则	1
51	PALD	便携式汽车起重设备	2
52	PCC	压力边界螺栓法兰接头组件等	4
53	PDS	尺寸标注图纸	1
54	POM	性能停机检查	1
55	PTB	压力容器建造规则的例题手册	9
56	PTC	涉及各种设备、装置的性能测试规范	60
57	PVHO	载人压力容器	2
58	QAI	授权检验资格	3
59	QEI	电梯检验人员资格鉴定	3
60	QFO	高容量化石燃料火电厂的资格鉴定和认证	1
61	QHO	危险废物焚烧人员的资格鉴定和认证	1
62	QME	能动机械设备鉴定	2
63	QRO	资源回收人员的资格鉴定和认证	1

续表

序号	类别代码	所属领域	标准数量[a]
64	RA	早期放射性大剂量释放频率风险评估	1
65	RAM	发电厂系统和设备可靠性和维修	1
66	RT	重型轨道交通	3
67	RTP	增强热固性塑料	3
68	SI-1	国际单位转化	1
69	STP	结构性能和试验要求	72
70	STS	钢制烟囱	1
71	TDP	蒸汽涡轮机	3
72	V V	验证和确认（V&V）	3
73	Y14	工程制图	29
74	Y32	图形符号	1

注：同一标准不同的版本视为单一标准，BPVC 被认为是很多标准的集合

在子体系层面，上表中的相关领域（可认为是子体系）的标准也可按照某一主题或专业或领域进一步建立体系。以核能标准体系为例，ASME 与核能有关的标准主要有 ASME 锅炉与压力容器规范（ASME BPVC）、核电厂运行与维修（ASME OM）、核空气与气体处理系统（ASME AG-1）、核设备鉴定（ASME QME）、核设施质量保证要求（NQA）、核电厂概率风险评价应用标准（RA-S）、核用桥吊（ASME NOG）等，具体可分为：

1）AG 系列（核空气和气体处理规范）4 项；

2）B 系列（涉及非安全级的安全重要管道）若干项；

3）BOI 系列（ASME BPVC 第 8 卷钢印持有导则）2 项；

4）BPVC 系列（锅炉及压力容器规范）66 项；

5）N5 系列（核空气净化、处理设备及实验）5 项；

6）NOG 系列（核用桥吊和起重设备制造规则）1 项；

7）NQA（核设施质量保证大纲）4 项；

8）NUM（桥式起重机等）1 项；

9）OM 系列（核电厂运行和维修）6 项；

10）PCC 系列（压力边界螺栓法兰接头组件等）4 项；

11）QME 系列（能动机械设备鉴定）2 项；

12）RA（早期放射性大剂量释放频率风险评估）1 项；

13）RAM（发电厂系统和设备的可靠性和维修）1 项；

14）STP 系列（结构性能和试验要求）72 项；

15）TDP 系列（蒸汽涡轮）3 项。

从 ASME 所有标准形成的体系往下还可进一步细分，以核承压设备为例，其标准子子体系可用图 7-1 来表示。

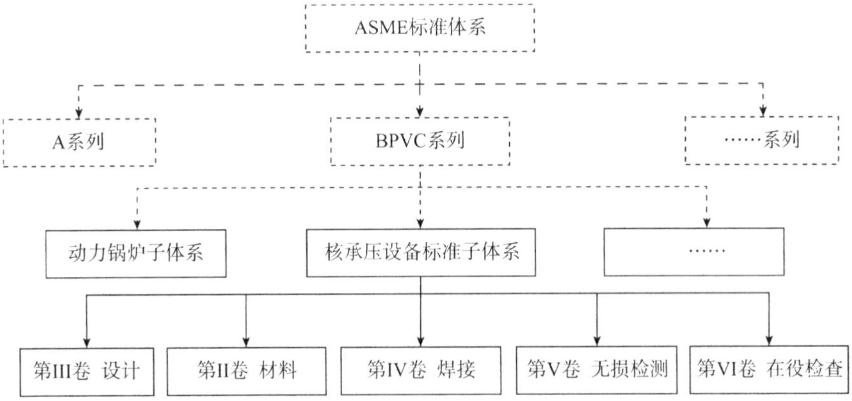

图 7-1 ASME 标准体系分解

7.2 管理体制

ASME 在标准化方面的工作机制，严格受到美国国家层面的标准化管理体制的影响。这里的管理体制是指适用于自愿协商一致的专业团体标准的管理体制，不同于对美国能源部等政府专用标准的管理体制。

本质上，美国是一个以市场驱动和以民间组织为主体来开展标准化工作的国家，但因为认识到标准承载着美国国家利益，故而也制订了相关的法律法规和完整的组织体系。总的来说，美国的标准化法律法规侧重对民间组织制定的自愿性标准的有效利用及保障，并没有对标准化工作的管理和实施提出规定。因而可以说美国的标准化运行模式是一种长久以来形成的行业自律行为。

美国的标准化管理结构分为二层四类。位于管理上层的是美国国家标准学会（ANSI）和美国国家标准技术研究院（NIST），前者是全国自愿性标准体系管理和协调机构，后者是全国性的标准及技术研究机构兼政府专用标准的协调机构。位于下层的是分别制定自愿性标准和政府专用标准的民间标准制定机构和有关的政府部门（对于政府专用标准而言，预算管理办公室也是上层管理机构）。其中上层机构对标准制定组织的运行模式的影响主要是对其标准制定程序和合格评定的影响。在美国的标准化组织体系结构中，美国政府也仅仅作为普通参与方参与工作，并没有异于其他参与方的特权，但美国政府也会通过国家标准技术研究院（NIST）来引导和协调相关的标准化工作和合格评定。

此外，美国是一个高度重视标准化的国家，从国家战略角度，提出了明确的战略目标和任务，这些也对民间标准化组织的运转存在产生一定的影响。

7.2.1　美国的标准化机构

如上所言，美国标准化机构则分为四类：1）全国自愿性标准体系管理和协调机构——美国国家标准学会；2）全国标准和技术研究机构——国家标准技术研究院；3）美国政府标准制定机构——与标准相关的政府部门或机构；4）由 ANSI 认可的数百个标准制定组织。其中美国政府标准制定机构是指前文所述的美国能源部等政府部门。

1）ANSI——全国自愿性标准管理和协调机构

美国国家标准学会（ANSI）是一家由美国的标准化相关的组织或产业联盟自发建立的一个民间组织，后来成为美国国家标准机构，承担着自愿性标准（国家标准）体系管理和协调的职能，主要任务包括：批准国家标准，建立国家标准体系；协调自愿性标准制定、组织认证以及其他相关工作；代表美国参加非政府间的国际标准化组织和认证机构；加强自愿性标准和认证活动，推动美国经济发展；确保公众在标准化、认证以及相关活动中的利益，使其参与权和代表权得到保护；提供确定新的标准和认证项目需求的方法，促进现有机构开展活动满足这些要求；制定、发布和管理对于标准制定组织进行认可和批准其标准为美国国家标准的程序和准则；组织推广用于合格评定机构认可和认证及相关项目认可的程序和准则；与联邦政府、州政府和地方政府的有关部门合作，以实现政府法律法规与自愿性标准之间的一致性；促进对美国国家标准和认可的认证项目的了解和应用；成为美国和国外有关标准、认证和相关活动信息的枢纽。美国数百家民间标准机构能够协调有序的发展，ANSI 发挥了重要作用。

ANSI 建立的目的之一是实现行业自律和自治，也正是由于 ANSI 的成立，使得美国民间标准化组织开始走向自律的轨道。早期的标准组织主要服从于市场的需求，ANSI 成立之后，则相当于给各个标准化组织建立了一个自律的准则或准入的门槛，各个标准化组织在满足市场需求的同时，也必须服从于 ANSI 指定的规范。因而，尽管各个标准组织分散独立，但它们的运行模式，尤其是标准制定程序，越来越向 ANSI 的规范靠拢。

ANSI 掌握着美国国家标准的批准权，规定各标准组织的标准要想上升为国家标准，首要条件就是满足 ANSI 的程序正当性要求，即满足《ANSI 基本要求：美国国家标准制定程序要求》等的要求。

一个科学的协商一致的自愿性标准体系取决于一个科学的能体现协商一致的标准制定程序。ANSI 认可的标准制定组织或委员会都必须按照统一的（ANSI 基本要求：美国国家标准公正程序要求）来制定标准。这种公正程序的特点：公开参与、协商一致、公平竞争、透明、灵活、可以上诉。公正程序具体包括下列几个必要步骤：

a. 成立一个工作组或“协商机构”，其代表要来自对标准感兴趣的各个方面，对推荐的标准草案进行充分的协商讨论。

b. 公开地普遍征求对草案的意见。

c. 通过有关协商机构，例如分技术委员会或技术委员会，组织表决，成员对公开普遍提出的意见进行讨论，并做出答复。

d. 根据所接受的修改意见修改草案。

e. 任何参加者认为在标准制定过程中没有按 ANSI 认可的标准制定程序进行或公正的方法原理没有得到充分体现，有权上诉。

2）NIST——政府标准的协调机构

ANSI是民间标准化组织的代表，与之相应的，美国国家标准技术研究院（NIST）则是美国联邦政府机构的代表。NIST隶属于美国商务部，是一个综合性科研机构，也是全球著名的标准化研究机构，在美国乃至国际标准化活动中占有重要地位。

NIST一直从事基础研究和前瞻性学科研究，肩负着通过标准化实现科研、技术成果转化及应用推广活动。自从1996年美国通过《美国国家技术转让与推动法案》后，又被明确授权负责协调联邦、州、地方政府与私有部门的标准和合格评定活动，并负责制定信息技术安全、生物统计学等国家关注领域的标准。

如前所述，NIST是政府在标准化方面的代表，代表政府管理标准化。它经国会授权代表政府参与事关国家重大利益的标准化活动，并与ANSI合作，通过对美国自愿性标准化活动的协调，从战略上实施对标准化的管理，由此确立了它的美国标准化活动战略管理者的地位。此外，《美国国家技术转让与推动法案》还赋予了NIST承担标准及合格评定程序的行政协调职能。经商务部授权，还承担了WTO/TBT协议和其他贸易协定实施的部门职责。

NIST的各个实验室都有自己的研究方向，但都不同程度地参与标准化活动。NIST的大多数科技人员都以个人身份参加美国各种标准化组织的活动，据不完全统计，NIST有400多人参加了民间标准组织，有1400多人参加各类标准化活动，负责近千个标准化技术委员会的工作，曾参加过1200多个标准的制定工作。NIST是ASTM的理事会成员，NIST的院长也参加了ANSI的理事会。此外，NIST还是全国的标准情报中心，收藏着几十万个标准。NIST虽然不批准美国国家标准，但是，NIST是美国标准化活动的强大技术后方，对美国的标准化工作起着重要作用。

综合上述NIST的职能及其活动，它对美国标准化组织的运行模式的影响主要还是源于NIST的标准化战略管理者的角色。

7.2.2 美国的标准战略

美国第一个技术标准领域的纲领性文件是ANSI和NIST发起的，各界广泛参与并制定的《美国国家标准战略（2000—2005）》，后来该战略经修订升版为《美国标准战略（2005—2010）》，此后还做了一些修订，但变化不大。美国标准战略对标准化组织运行模式的影响主要体现在如下几个方面。

1）国际化战略

美国标准战略强调标准是美国创新和竞争力，乃至在全球经济中承担领导作用的基石。基于此，该战略提出努力用美国的原则和构想去改变国际标准化程序，协调全球范围标准的应用，制定一个超级规划去展示美国技术、标准和程序在美国之外的价值。与此相应的是，美国的民间标准化组织积极实行国际化战略，而实行国际化势必需要适度完善它的运行模式以适用新的形式，如美国机械工程师协会在海外建立国际工作组，这些国际工作组的职责和运行制度也将反映到它的运行模式中。

2）标准制定程序的正当性

美国标准战略指出，美国标准界已就为了满足社会和市场对标准的需求达成原则性共识，其关键性原则有两点，其中一点是要有一个有成效的标准制定程序：

a. 协商一致；

b. 公开参与；

c. 公平竞争；

d. 程序透明——程序和进度信息直接可得；

e. 保证各方观点都被考虑，而且可以上诉；

f. 程序具有灵活性，允许使用不同的方法以满足不同工艺和产品部门的需要；

g. 程序具有及时性，不会因纯行政事务耽误工作进度；

h. 标准活动是相互关联的，避免重叠和冲突。

3）标准制定程序的良好效果

美国标准战略提出的为了满足社会和市场对标准的需求而形成的关键性原则的另一点是有成效的标准程序应产生良好的效果。其要点：

a. 标准具有相关性，符合协议准则，满足附加值的真正要求；

b. 标准是现实社会的反映，它们应用可用的、当前的技术，而不去无端废除现存的产品和工艺；

c. 标准是以使用性能为基准的，规定基本的特征，而不是详细设计。

4）标准制定的效率

《美国标准战略（2005—2010）》提出的其他战略任务中，与标准化运行模式密切相关的有几条，包括：a. 要求改进标准制定程序以满足消费者对标准效率的要求；b. 教育公共部门和私人机构决策人员应提高对标准价值的认识以及如何采用先进程序的技术，从而提高标准制定的效率。这两条的核心就是要求确保以最大的效率和最小的成本制定和推行标准。这一要求实际上与英国标准协会 BSI 的要求如出一辙，BSI 的可公开提供的规范（非正式标准）也是这一原则的产物。

5）其他

美国标准战略提出的任务中还包括：加强美国标准公共部门和私有机构之间的沟通；为标准化建立一个稳定的资金机制。

7.3　组织结构

7.3.1　整体组织结构

ASME 是一个国际性学术组织，业务范围不仅限于标准。ASME 的组织结构由 ASME 的章程确定，主要包括管理委员会、工程和技术商业公司、标准和认证部、知识和交流部门、研究部门、信息中心、战略管理部门等。它的组织结构如图 7-2 所示。

从组织结构可以看出，“规范和标准理事会”作为专门的标准部门，负责标准化相关的工作，但教育理事会和工程理事会势必为标准化工作提

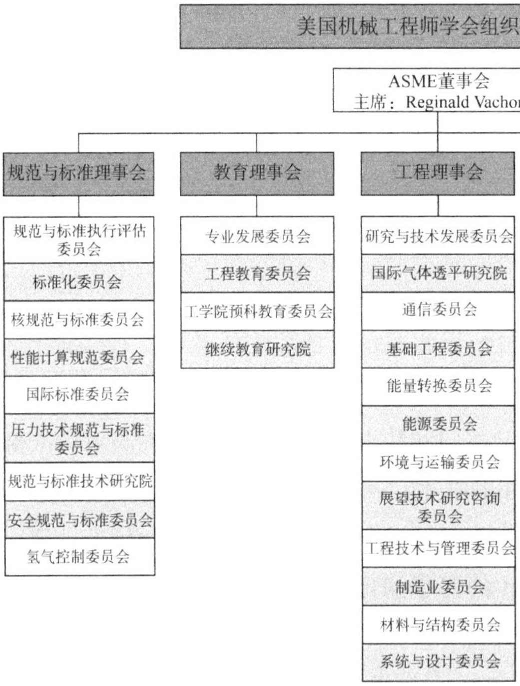

图 7-2　ASME 组织结构图

供极大支持，比如工程理事会为标准的制修订提供输入和技术支持，教育理事会为标准的宣贯培训提供支持。规范和标准理事会又分设标准技术委员会及其支持部门，构成了完整的组织保障。

7.3.2　标准和认证分支

美国机械工程师协会的章程规定，标准和认证理事会在董事会的领导下，全面监督协会的规范和标准活动。标准和认证会在其下建立监督委员会，负责监督特定功能区域内的规范和标准活动。监督委员会通过成立标准和规范委员会（简称标准委员会），管理其管辖范围内的规范和标准的发展。

在标准的制定和维护方面，标准和认证理事会直接或通过监督委员会，主要负责如下事项：

a. 通过或修订标准委员会的章程；

b. 撤回标准委员会制定的标准；

c. 解散标准委员会。

监督委员会的监督职责范围包括：

a. 批准和解雇标准委员会成员；

b. 在其指定的职责范围内，评估规范、标准和有关认可活动的需要；

c. 确保其管辖范围内的标准委员会按批准了的程序和这些程序行事；

d. 为标准委员会提供正当程序；

e. 提供一个论坛，听取针对标准委员会作为或不作为行为的申诉；

f. 批准其管辖范围内的委员会，通过符合美国国家标准的相关程序制定的、美国机械工程师协会的一切规范和标准、鉴定和认证标准。

必要时，为维持标准制定过程的正当性和/或保护美国机械工程师协会的利益，监督委员会可根据标准和认证理事会制定的“标准正当程序”的有关规定来采取必要的行政措施，包括：因申诉决定而对成员采取的措施；标准委员会活动的推迟、暂缓或停止，包括对标准的修订等。

美国机械工程师协会将标准和认证紧密结合在一起，为此在组织上捏合了有关的部门，以制度的形式设立了标准和认证分支，其结构见图 7-3。

标准和认证理事会的组织结构体现了 ASME 的标准活动具有三大明显特征：a. 将标准的制定和认证紧密结合在一起；b. 高度重视标准制定程序的正当性，以满足国家层面的程序要求，也为 ASME 标准上升为国家标准奠定基础；c. 重视建立听证和申诉机制，从而引入外部监督和保证尊重不同意见者的权益或意见。

7.3.3　标准委员会

和 ISO 以及其他标准化组织一样，ASME 标准的制修订和维护主要由它的规范和标准委员会（简称标准委员会）来负责。规范和标准委员会的建立、监督和解散由监督委员会负责，并由标准和认证理事会任命。标准委员会可自行决定成立下属团体，协助其履行职责。同时也规定，若成立

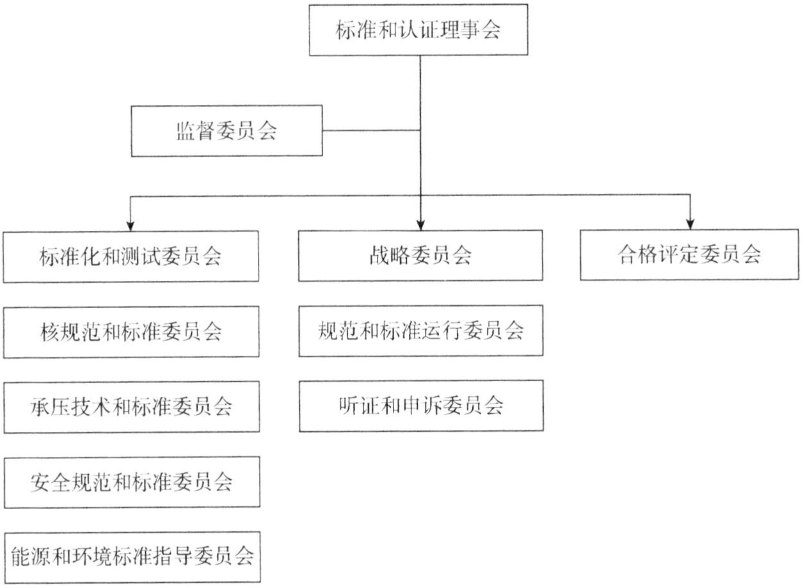

图 7-3　ASME 标准和认证理事会的组织结构图

执行委员会，则其只对标准委员会起咨询性作用。

7.3.3.1　标准委员会的组成

标准委员会的组成主要包括：限制数量的技术成员（分为个人成员、团体成员和贡献成员）、1 个主席、1 个或若干副主席秘书。

1）个人成员：对标准活动的最终批准具有投票权利和义务的成员，由共识（协商一致）委员会推荐，它们共同组成共识委员会；

2）团体成员：美国和加拿大之外的团体组织（包括公司）推荐的代表。与个人成员相比，只享有有限权利，如标准草案的投票权，对人员、管理以及编辑版标准（相当于标准的最终版）没有投票权。ASME 也要求对团体成员所代表的利益分类，但只是分类管理，不影响标准委员会的利益均衡（仅仅由共识委员会的组成来决定）；

3）贡献成员：贡献成员由共识委员会推荐，没有投票权，主要职责是提出建议等技术支持。

7.3.3.2 标准委员会成员的要求

对于标准委员会的成员的组成和资质，ASME 有严格规定。

1）个人成员的选择

主要考虑了两个因素：

一是应满足必要的资质，包括关心和乐于参加 ASME 工作，遵守章程，专业技能过硬等；

二是其代表性（成员分类），即全体成员的组成要保持必要的平衡，包括考虑成员雇主或赞助商的商业利益，成员本身具备的经验或专业技能的类型。以 ASME 和 API 联合组建的适用性评价委员会为例，其成员代表包括：

a. 监管方——产品设计、安装等进行监管的机构或组织；

b. 保险和检验——产品以及组件、部件及物品的独立检查机构；

c. 石油加工——石油加工、销售及储存的机构；

d. 石油开采——勘探和/或生产原油和/或天然气的机构；

e. 化学品制造——生产化学品的机构；

f. 管道公司——设计、建设、持有、检查管道运输系统的机构；

g. 公共设施——为大众提供电力、天然气和水的机构；

h. 纸浆与造纸工业——纸浆和纸张生产的机构；

i. 维修/制造机构——压力设备修复和/或压力设备制造的机构；

j. 设计/工程机构——提供设计或设计相关服务的机构；

k. 其他利益相关方——咨询、教育、研究和开发组织人员，以及公共利益人。

同时，ASME 规定，对于安全标准，同一利益类型的成员不能超过三分之一；对于产品标准，任一类型的成员都不应占全体成员的大多数。个人成员之所以要保证利益平衡，一个关键因素就是要满足美国国家标准协会（ANSI）所规定程序正当性中的各相关方协商一致的原则。这种对保持平衡的原则性要求，使得 ASME 规定个人成员因故不能出席而委派代表时，委派人同样要保持这一原则。当成员工作变动或其他变动时，标准委员会还要加以评估其继续担任委员的资格并采取行动。

ASME 对个人成员还有一个特色要求，即与 ISO 相比，这些成员代表是个人，而不是代表其所在单位身后的利益集团。这一原则可能也和美国的社会传统有关，如同听证或陪审时的个人选择。

2）团体成员

团体成员指在美国和加拿大之外的，参与美国机械工程师协会委员会的团体所指派的代表。该代表由每个团体自行决定，但代表的任命可能会受到标准委员会章程的限制，需由共识委员会决定。

每个团体应推荐一个个体代表他们。每个团体还应提供一份说明其参与兴趣的说明。共识委员会向监督委员会提议任命代表，任期不超过 5 年。代表有连任的资格。共识委员会通过的连任决定无需呈递监督委员会审批。

团体成员的职责包括：积极参与标准提案的第一轮考虑投票，在新提案的准备中贡献团体的专业技能。履行职责的方式可以是出席会议（鼓励但不强求），也可以是通过信件、电话、电话会议或其他电子手段的方式。代表未履行职责应予以解雇。遭到解雇的代表可对此提出申诉。团体成员没有表决人事、行政方案或其他重要事项的资格。

团体成员也应依照成员团体的主要利益进行分类（仅供参考），但它的组成情况将不会影响委员会的利益相关方的平衡。

3）贡献成员

有贡献的成员指无投票权的个体成员，其对委员会的贡献在于提供建议。有贡献的成员应拥有与个体成员相同的技术资格。贡献成员的任命由共识委员会向监督委员会提议，任期不超过 5 年。有贡献的成员有连任的资格。共识委员会通过的连任决定无需呈递监督委员会审批。

贡献成员将有机会为共识委员会表决提出建议。贡献成员的参与应出于自愿，并获得标准委员会主席的同意。参与的方式可以是通过出席会议（如果可能），也可以是通过信件、电话、电话会议或其他电子手段的方式。贡献成员未履行职责应予以解雇。遭到解雇的贡献成员可对此提出申诉。

由于无投票权，贡献成员无需被划分到利益类别中。

4）主席

主席应是标准委员会的执行官，主持会议，履行通常与主席办公室相关的职责。对于主席和副主席，ASME 规定只有目前在共识委员会任职超过 1 年的委员会成员才有资格被任命为标准委员会的主席或副主席，并且最好是 ASME 的协会成员。一般情况下，每届任期不得超过三年，最多可连续任职两届。在任职期间，会员任期的届满日期应调整为与其任主席或副主席的任期一致。标准委员会主席和副主席的提名应使用加权表决的方式，有点类似于美国总统选举，如下所示：

a. 秘书向共识委员会成员提交一份具备资格且有意愿竞选主席或副主席职位的委员会成员的名单；

b. 每位共识委员会成员进行不记名投票，并要求用数字 3、2、1（例如，1 代表第一选择，2 代表第二选择，3 代表第三选择）按顺序标记出他们的选择。参与投票的共识委员会成员必须超过 2/3 才有效。投票过程在 C&S 工作平台上进行；

c. 获得票数最高的两个人就是候选人。若出现并列第一的情况，则两人均为候选人。若出现并列第二的情况，即使用上述（2）的程序，举行决选，决定第二候选人；

d. 在确认当选的候选者会任职后，秘书将选票上的候选人名字，提交给参与表决的共识委员会的所有成员。一旦其中一位候选人不愿任职，那么下一位票数最高的成员将成为候选人。

5）秘书

标准委员会的秘书是不具有投票权的标准委员会成员，来自标准和认证董事会。秘书负责准备和发送所有标准委员会会议的议程和会议记录，接收和保存所有与标准委员会及其下属团体相关的文件，记录投票，以标准委员会的名义与接口组织或个体通信，完成主席要求的其他任务。在缺少主席和副主席的标准委员会会议上，秘书还要提名和选择临时主席。

6）缺席成员代表或替补人员

成员临时缺席时可推荐代表出席会议，并需经由会议主席许可。

会议结束后自动终止代表资格。代表仅有权投票表决标准提案之外的方案。

替补人员为由缺席成员推荐，以共识委员会接受为准，并获监督委员会认可的人员，出席会议或代表成员投票表决标准提案或行政方案。替补人员应来自成员所代表的同一利益类别，或其代表的利益类别可维持必要的平衡。替补人员在其发挥作用期间，拥有成员的所有基本权利。替补人员的此类作用在成员提出要求或该成员不再是标准委员会会员时自动终止。

替补人员不应算在决定共识委员会平衡的因素之内。

7.3.3.3 标准委员会成员的管理

在标准委员会的所有活动中，行政人员（主席、副主席和秘书）必须保证遵循有关规章，维护程序的正当性。

为了强调纪律，ASME 规定未履行职责的成员应予以解雇，但遭到解雇的个人可对此提出申诉。主席至少应每年审查一次标准委员会参与者的表现，采取行动纠正不佳表现，包括提议解雇的可能性。监管委员会可开除无能的主席或副主席，并任命继承者。被开除的成员可向标准和认证委员会申诉。

7.3.4 标准委员会的下属团体

标准委员会可根据需要设立下属团体。这些下属团体，被定位为标准委员会的咨询性机构。它的建立和管理主要由标准委员会的共识委员会来负责，运作方式与标准委员会类似。

这些下属团体为标准委员会提供了很好的技术支持，包括技术提案、技术问题的研究与解决、经验反馈等。比如，目前在我国运作势头凶猛的 ASME CIWG（中国国际工作组），汇聚了我国业界的相关单位和专家，定期进行研讨，提供了大量的 ASME 规范的应用经验反馈。

7.4 标准制定

7.4.1 概述

ASME的相关章程规定标准委员会制定的规范或标准可包括对安全、卫生、设计、产品、建设、评估、维护、设备性能或操作，或人员资格的要求。同时规定，标准委员会制定的规范和标准，原则上须提交美国国家标准学会，获其认可后成为美国国家标准。

ASME为了规范其标准化运行模式，在以往的工作实践和经验的基础上，专门在1997至1998年间对其标准化工作程序进行了重新设计，旨在帮助标准委员会能采用一种高效的方式来制定标准，与此同时又能维护程序的正当性，并保护美国机械工程师协会的知识产权。这套工作程序遵循了美国国家标准学会（ANSI）制定的、成为美国国家标准的程序要求，同时也与世界贸易组织的技术贸易壁垒（TBT）委员会的原则保持一致。这一标准制定程序的核心原则是：

a. 开放；

b. 透明；

c. 利益均等；

d. 程序正当；

e. 协商一致。

国家标准学会与美国机械工程师协会（ASME）联合标准制、修订程序见图7-4。

上述程序充分体现了ANSI对标准制定程序的基本要求，体现了公开参与、协商一致、公平竞争、透明、灵活和可以上诉的特点。公正程序应包括下列几个必要步骤：

a. 成立一个工作组或“协商机构”，其代表要来自对标准感兴趣的各个方面，对推荐的标准草案进行充分的协商讨论。

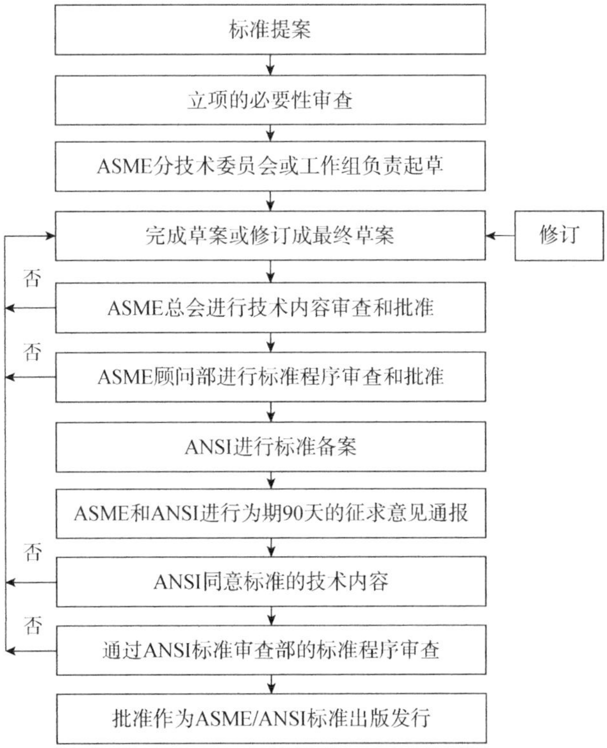

图 7-4　国家标准学会与美国机械工程师协会（ASME）联合标准制、修订程序

b. 公开地普遍征求对草案的意见。

c. 通过有关协商机构，例如技术委员会或分技术委员会，组织表决，成员对公开普遍提出的意见进行讨论，并做出答复。

d. 根据所接受的修改意见修改草案。

e. 任何参加者认为在标准制定过程中没有按 ANSI 认可的标准制定程序进行或公正的方法原理没有得到充分体现，有权上诉。

7.4.2　标准提案

正如前文所述，标准委员会的活动主要包括五种类型：

1）批准一项新标准；批准一个现有标准的修订版；批准一个对现有标准进行重新确认的提议；批准一个撤回一项现有标准的提议；

2）批准采用稳定维护模式维护某项标准设置并持续此种模式的提议；

3）批准采用国际标准化组织或国际电工技术委员会的标准；

4）批准一项编辑性修改；

5）批准人事和行政事项，批准与政策或美国机械工程师协会的地位相关的活动。

对于一项新的标准，ASME 要求提议者充分论述它的必要性、可行性以及其他特性和相关要求，为此专门设计了一个新标准项目提案的表格，见表 7-2。

表 7-2　ASME 新标准项目申报表

1	给出所提议标准的标题和范围。
2	识别所提议标准涉及的利益相关方/使用者，以及标准的需求。如果可能，给出相关的参考材料（包括适合于作为第一版草案的文件）。
3	所提议标准是否能提升公众安全？ 如果是，请详细描述。
4	所提议标准是否产生经济效益，或是否有利于供应商和采购商签署合同和/或国际贸易？ 如果是，请详细描述。
5	所提议标准是否与现有标准有潜在的冲突或重复？ 如果有，请识别这些标准及其制定组织。
6	所提议标准是否在某个联邦政府部门的管辖范围之内？ 如果是，请识别该部门及相应的参考材料（例如联邦法规 CFR 的哪一章哪一部分）
7	下列哪一项组号描述了所提议标准的演变？ 1）所提议标准是其他标准制定活动的衍生结果。如果是，请指定相关活动。 2）所提议标准是关于新兴和创新的技术方法。 3）所提议标准反映的是新方法和实践，或满足未被满足的需求。
8	所提议标准是否涉及专利？ 如果是，请识别相关的专利。
9	所提议标准是否属于现有的 ASME 标准和认证委员会的业务范围？ 如果是，请指出对应的委员会。
10	所提议标准是否能合并入现有的 ASME 标准？ 如果是，请指出相应的标准。

续表

11	若发展这一标准，会提供支持产品或服务的机会吗，例如，培训或认证？ 1）是　　　　2）否　　　　3）不确定 如果是，请做出解释。
12	下列哪一项最好描述了提出的标准化方法？ 1）预期标准会应用一种规范性方法。 2）预期标准会应用一种性能化（绩效）方法。 3）预期标准会应用规范性方法和性能化的方法。
13	提供一份支持制定这一标准的公司、商会、机构和其他相关团体的清单。请指出这些组织中的哪些将愿意支持标准的制定过程。尽可能提供个人联系方式。［注意：建议该标准的提出者积极参与标准制定进程］。
14	所提议标准是否预计将全球应用？ 如果是，请指出相关的国际利益相关方，尽可能给出个人的联系方式。
15	产生一个标准的预估时间是多久？请解释一下？

在项目的一开始，相关告示就应以“项目启动告示系统”的形式，或以等效的方式提交美国国家标准学会。该项目旨在制定一项新标准或修订一项处于定期维护下的现有标准。自美国国家标准学会宣布该项目启动告示系统之日起，若在30天内收到声称提案标准抄袭，或与现有的美国国家标准冲突，或候选的美国国家标准先前已被美国国家标准学会宣布过等意见，那么这些意见应按美国国家标准学会的基本要求处理。但此类告示对处于持续维护下的标准的修订而言并非必需。

7.4.3　标准编制

每项标准提案都应建立一个项目组来管理，该团队应获得共识委员会的批准。一个项目组应包括一个项目行政负责人（通常是美国机械工程师协会的一位成员）、一个项目技术负责人（通常是一位具备相关专业知识的委员会会员），必要时，还要有另外的标准委员会及其下属团体的成员。其他拥有专业知识的社会人员，包括那些提出提案的人，都可以包括在内。

标准委员会审查讨论标准草案的大致过程和要求如下：

1）在标准制定过程的某一阶段，项目组应向该标准所属的标准委员会、下属团体、其他标准委员会、理事会成员和有兴趣的社会人员等有关的技术方提交标准草案以供审查和评议。所有标准提案应转发到监督委员会审查和评议（通常与标准委员会表决同步进行）。

2）标准委员会官员或项目技术负责人应审查收到的意见是否属于有效意见。有效的意见应提交给项目组予以考虑。若收到的意见与本提议无关，应被视为无效意见，但应如实告知意见的提出者。

3）项目组负责对有效意见予以处理，准备一份意见汇总处理（表）并提交有关方。

4）如果基于反馈意见对标准草案做出了实质性的改动，那么应重新提交修改后的草案以进行新一轮的审查和评议，直至提案无修改或无实质性改动后提交标准委员会进行投票（投票记录在案）。也可以在新一轮审查和评议的同时提交标准委员会进行投票。

5）对标准草案发起投票。以下任意一方皆可发起投票：

a. 对标准提案负责的项目组；

b. 标准委员会的行政人员（官员）；

c. 监督委员会；

d. 出席标准委员会会议且有投票权的委员；

e. 五位标准委员会成员的请愿。

6）第一轮投票

a. 秘书将标准草案和以下说明性材料一并提交标准委员会：

a）该提案的提出理由；

b）项目开展过程中“C&S 管理平台”上记录的有效意见和项目组对这些意见的处理；

c）投票表决的截止日期。

b. 所有标准委员会成员都有权参与投票表决。当以会议形式进行投票表决时，缺席的标准委员会成员也应被给予投票表决的机会。标准草案的投票表决应在“C&S 管理平台”上予以记录。

c. 投票形式包含四种：赞成、反对、弃权和不投票。不投票指既不赞成也不反对，只有在标准委员会成员坚信其有利益冲突或潜在利益冲突，且依据协会政策自行退出投票过程，才可行使不投票权。

d. 投反对票或弃权或不投票的标准委员会成员应提供书面说明。投反对票的还应在其书面说明中提出解决分歧的方案。

e. 除非获得共识委员会的同意，否则投票时间不应短于两星期。在收到所有反馈之后，投票时间结束，但不得晚于预定的结束日期，除非共识委员会或委员会官员同意延长投票时间。

f. 若标准委员会成员未提交选票，那么替补人员的选票应被计算在内。若既有成员的选票又有替补人员的选票，那么替补人员的被当作意见和建议（审查和评议）对待。

g. 在投票结束之前，成员们可随时更改他们的投票。

h. 投票关闭之后收到的选票不应计算在内。

i. 投票结束后，秘书应向标准委员会和项目组提交一份完整的投票统计，包括所有反对票和评议。

j. 项目组应处理所有评议，努力解决所有带有评议意见的反对票。项目组向标准委员会提交处理情况，且从下列选项中提出开展下一步工作的建议：

a）无变动，继续开展；

b）提请进行第二轮投票（有或无编辑性或技术性修订）；

c）修订草案，重新进行第一轮投票；

d）撤回草案。

k. 获得共识委员会不少于 2/3 的赞成票（其中不包括“不投票”和“无评议的反对票”）的草案，和没有反对票的草案，和无需修改的草案，应当提交美国国家标准学会进行公众评议以及提交监督委员会批准。

l. 与本草案无关的反对票或未附带评议的反对票，不需再考虑，也无需提交至第二轮投票，仅仅要求作为“无评论的反对票”进行汇报，也无需告知此类反对票的提交者其申诉的权利。与本草案无关的评论应加以记录，并作为一项新提案予以考虑，这类评议的处理应如实告知提出者。

m. 成员可在投票结束后撤回反对票。除了上述的无效反对票，秘书除非受到投票者的指示，否则不得撤回反对票。若投票者未以书面形式撤回反对票，或反对票的撤回未体现在标准委员会的相关会议纪要中，那么秘书应向投票者予以书面形式确认反对票的撤回。

n. 基于反对票和收到的其他评议而造成对标准草案进行编辑性修改，可简化处理。

o. 基于反对票和收到的其他评议而造成对标准草案进行技术性修改，由标准委员会的行政人员（官员）决定提请第二轮投票或者重新进行第一轮投票。

7）第二轮投票

（1）只有在完成了第一轮投票，且因为以下原因之一，才实施第二轮投票：

a. 审议未解决的反对票和/或监督委员会提出的实质性的意见；

b. 审议在美国国家标准学会公众评议阶段收到的且未解决的异议；

c. 审查因处理反馈意见所造成的编辑性修改；

d. 审查因处理反馈意见所造成的技术性修改。

（2）第二轮投票所需材料包括一份对反对票、公众评议的异议和/或监督委员会的实质性意见以及项目组对这些的意见处理情况的总结，和任何修订版标准草案。

（3）第二轮投票期间，共识委员会成员可以改变其在第一轮考虑投票中的投票。在第一轮投票中未投票的共识委员会成员可参与之后的投票。

（4）除非获得共识委员会的同意，否则投票时间不得短于两周。在收到所有反馈之后，投票时间结束，但不得晚于预定的结束日期，除非共识委员会或委员会官员同意延长投票时间。

（5）反对票应仅限于：

a. 持第一轮投票中的反对票、未解决的公众评议反对意见和/或监督委员会的实质性意见；

b. 反对标准草案的任何改动。

（6）获得共识委员会不少于2/3的赞成票（其中不包括“不投票”和“无评议的反对票”）的第二轮草案，应当提交美国国家标准学会进行公众评议以及提交监督委员会批准。

（7）投票结束之前，成员可改变自己的投票。

（8）至于未获得共识委员会不少于2/3的赞成票的标准草案，其中不包括任何“不投票”和“无评论的反对票”，仅可撤回最近的第二轮投票中的反对票，且须在第二轮投票结束6个月后撤回。

（9）若反对票未得到解决，应书面（包括电子文件）告知投出该反对票的标准委员会成员有权向共识委员会方案进行申诉。

8）撤回或暂缓一项已批准的标准草案。已通过共识委员会批准的标准草案可由共识委员会暂缓或撤回。撤回或暂缓一项草案应符合以下要求：

a. 识委员会应在将标准草案提交美国国家标准学会认可之前，暂缓或撤回该草案；

b. 共识委员会全体成员召开会议或通过“C&S管理平台”进行投票，须2/3的成员赞成，其中不包括任何“不投票”和“无评论的反对票”。

c. 若已批准的标准草案已提交监督委员会批准，那么依照程序，暂缓或撤回该标准草案还须获得监督委员会的认可。

9）监督委员会认可。标准草案经共识委员会认可后，按照程序，秘书应将此草案连同相关材料一起提交监督委员会。对于没有未解决的共识委员会成员的反对票，或监督委员会的实质性意见的，或来自公众审议的反对意见的标准草案，监督委员会可根据其职责进行程序性审查并批准。需连同草案一起提交的材料包括：

a. 识委员会投票统计情况；

b. 未解决的反对票和监督委员会评论以及项目组对这些的处理情况的总结；

c. 美国国家标准学会公众评议阶段的所有反馈意见以及处理情况，以及共识委员会的最终投票统计。

除了上述标准制定程序及要求，ASME对其他情形的标准化活动也有明确规定，包括：

1）采用稳定维护模式来维护某项标准。若准备采用“稳定维护”方式来维护某项标准并持续该种维护方式，应以制定一项标准的同样方式，获得共识委员会和理事会的认可，仅仅以下情况除外：

a. 无需公众评议；

b. 无需美国国家标准学会的认可；

c. 已通过的决定应在美国机械工程师协会网站上公布 30 天（共识委员会通过之后）

d. 若投票同意标准持续采用稳定维护方式，那么应将该结果以提交美国国家标准学会。

注：标准也将可以进行修订（通过项目启动告示系统告知美国国家标准学会），或被撤回（提交美国国家标准学会进行公众评议从而告知美国国家标准学会）。

2）采用国际标准组织或国际电工技术委员会标准作为美国国家标准：

a. 美国机械工程师协会标准委员会可在缺乏相应的美国机械工程师协会标准，或者国际标准组织或国际电工技术委员会标准在相关领域更能满足安全和市场需求的情况下，考虑在全国采用国际标准化组织（ISO）或国际电工技术委员会标准。如果在相同领域确实存在一项美国机械工程师协会标准，通常情况下，在全国采用国际标准组织或国际电工技术委员会标准后，该标准将被撤回，或进行修订以作为国际标准组织或国际电工技术委员会标准的补充。

b. 针对全国采用国际标准组织或国际电工技术委员会标准这一批准的建议，须获得负责监督委员会和标准和认证理事会的认可。

3）编辑性草案的批准。编辑性草案指那些提议对规范或标准作非实质性改动的草案。编辑性草案的批准应采用与批准标准草案一样的方法，或在法定人数出席的会议上采用以下方法：

a. 提议的修订和修订说明一起呈现给共识委员会。

b. 成员们只能赞成（接受非实质性的改动）或反对（反对改动或主张改动为实质性的）。

c. 社论性方案应获得参与投票的共识委员会成员 2/3 的赞成票，才能通过。

d. 未获得 2/3 的赞成票的编辑性草案应采用前面所述的与批准标准草案一样的方法予以处理，以获得批准。

事实上，除了上述各种形式的标准制修订外，ASME 还有一种制定或采用标准的方式，典型如 ASME BPVC 第Ⅱ卷中的材料标准都是采用美国焊接协会（AWS）和美国材料和试验协会（ASTM）的标准，并为此建立了新材料准入制度。

7.4.4 公众评议（征求意见）

美国机械工程师协会规定所有新标准、修订标准、重新确认或撤回的标准都应广泛开展意见征求（公众评议），为此采取了多种措施：

1）在其网站上予以公布标准草案，以供公众评议。在其主办的杂志《工程机械》上发布通告，以便在最低限度上指导有关各方前往美国机械工程师协会的网站获取公众评议的公告以及标准草案。

2）若该草案是将要提交美国国家标准学会批准的，那么也应将其公布在美国国家标准学会的标准活动中。应标准委员会官员的要求，此行为也可在标准委员会投票表决的同时或者之后进行。

3）作为对公众评议的补充，标准委员会也可向已知的对该标准感兴趣的团体或个人发送标准草案以征求意见。

4）另一种对公众评议的补充方式是，标准委员会可举行公开听证来对标准的范围和条款征求意见。

公众评议（征求意见）结束后，项目组应努力解决所有收到的所有负面评议或异议。对于每条这样的意见，都应以书面形式（包括电子文件）告知意见提出者，告知的内容包括对这些意见的处理、采取的行动或意见未被采纳的原因，同时还应以书面形式（包括电子文件）告知其向标准委员会进行申诉的权利。公众评议所反馈的所有的未解决的反对意见以及项目组对此的处理情况都应提交给共识委员会的成员，他们为此有权重新确认或改变对标准草案的投票。

如果公众评议所反馈的意见与本标准无关，那么也应将这些意见作为一项新的提议记录在案，并如实告知意见提出者。

7.4.5　标准批准

通过上述流程后的标准还需要经历标准批准程序。正常来说，除了美国国家标准，通常都是各个标准制定组织自行批准发布标准。ASME 标准的批准也遵循这一实际。首先监督委员会会开展审查，以证明该标准制定程序满足章程的要求。其次，如果该标准拟提交美国国家标准学会以上升为美国国家标准，则还需满足如下要求。

1）监督委员会对标准的制定程序的正当性审查结束后，应提交美国国家标准学会并告知该标准的制定满足后者关于标准批准的有关要求（即符合程序正当性要求）。提交美国国家标准学会的时间必须在美国国家标准学会所开展的公众评议结束后的一年之内，美国国家标准学会另有安排除外。美国国家标准学会批准标准的准则如下：

a. 该标准是依据标准制定组织的获认证的制定程序而制定的。审核的重点是标准制定是否遵循了正当程序，是否协商一致，是否努力解决了针对该标准的所有反对意见。

b. 向标准制定组织提出的关于标准的申诉已经结束。

c. 告知标准制定过程的通知已以项目启动告示系统或等效的方式，提供给了美国国家标准学会。

d. 所有与其他美国国家标准的冲突已按美国国家标准学会的基本要求进行了处理。

e. 已检查了与其他国家标准的内容协调和重复方面的问题。

f. 满足美国国家标准学会专利政策（如果适用的话）。

g. 满足美国国家标准学会的商业条款和条件（如果适用的话）。

2）秘书提交给美国国家标准学会的信息应满足“美国国家标准学会基本要求：美国国家标准的正当程序要求”的要求，内容包括：

a. 标准的标题名称；

b. 请求类型的说明（批准一项新美国国家标准，或重新确认、修订或撤回现有美国国家标准；或者采用国际标准组织或国际电工技术委员会标准）；

c. 遵守了相应程序的申明；

d. 参与投票的共识委员会成员名单，每一位成员的投票情况（包括弃权和未返还的选票），每位成员的利益类别，及每个利益类别的投票总结。

e. 所有未解决的负面观点和异议的情况（包括反对意见提出者的名字），以及为此所做出的努力解决这些问题的总结报告。

7.4.6 申诉

为了监督标准的制定满足正当程序，并保障参与到标准制定过程中任何相关方的正当权益，ASME 建立了申诉机制，规定任何个体、公司或组织都可对标准委员会和/或共识委员会的行为提出申诉。

申诉分为 3 个层级：

a. 申诉应首先送往标准委员会；

b. 如果相应的标准委员会无法解决，则申诉可提交认知监督委员会；

c. 如果监督委员会的决定仍遭到有关方的反对，有关程序正当性的申诉请求可提交至标准和认证理事会下属的听证和申诉委员会，该委员会可自行决定是否需要考虑该申诉。

向标准委员会申诉的程序应如下：

1）意图申诉的书面通知（挂号信最佳），应在相关公示后的 20 个工作日内提交至标准委员会秘书，并在提交之后的 10 个工作日内提交一份反对或申诉的详细声明。遭到质疑的事项将不再往下推进，直至召开听证会。意图申诉不作为的通知可随时提交给标准委员会秘书，并且应在提交后的 10 个工作日内再提交一份反对或申诉的详细声明。

2）秘书应告知标准委员会此类申诉请求。遭到质疑的行为或不作为的支持者应对此类申诉声明作出回应。回应应在听证日之前的 15 个工作日内，周知有关各方。

3）在决定举行听证会后，共识委员会应在收到申诉请求后，尽快从预定的会议日程中安排一次可行的会议听取申诉，或由标准委员会主席判定，确定一个有关各方都同意的日期，召开一次由主席指定的共识委员会成员组成的听证委员会会议，听取申诉。

4）应在听证会召开之前，至少提前 20 个工作日周知申诉人、共识委员会成员和其他有关者。秘书在通知时，应提供给有关各方一份共识委员会名单的复印件，或一份推荐的听证委员会成员的名单（如果适用），目的是让有关各方都有机会在察觉到有利益冲突的存在时，提出异议。此类异议都应在收到名单后的 10 个工作日内提交给秘书，之后，秘书应在听证会召开之前，将其发布给受到质疑的个体，该个体可在听证会前对此作出回应。任何异议都应依照协会政策在听证会召开之前，得到处理。

5）通常情况下，申诉听证会应以公开的形式召开（除了行政会议部分常秘密举行）。但是，根据当事人或委员会官员的书面请求（此类书面请求应在收到申诉听证会日期的通知之后的 10 个工作日内提交给秘书），听证会应仅限于以下人员参加：

a. 听取申诉并有投票权的共识委员会成员；

b. 申诉人；

c. 被申诉人；

d. 美国机械工程师协会相关职员；

e. 美国机械工程师协会法律顾问。

6）审议只得在行政会议中进行。听证会行政会议部分的出席者仅限于以下人员：

a. 听取申诉并有投票权的共识委员会成员；

b. 美国机械工程师协会相关职员；

c. 美国机械工程师协会法律顾问。

7）至于跟人事或其他行政事项的申诉，则应根据投票结果的多数票予以支持或拒绝；跟技术问题相关的申诉，予以支持或拒绝申诉的准则是 2/3 的选票赞成或否定。标准委员会的秘书应在听证会后 7 天内，通知申诉人、标准委员会主席和其他有关者委员会的决定。

至于随后向监督委员会提出的任何申诉，以挂号信或等效形式的意图申诉的书面通知，必须在邮寄后的 10 个工作日内提交给监督委员会秘书。之后，根据监督委员会的相关程序来处理。

在监督委员会作出申诉的结论后，若想请求进一步的申诉，那么意图申诉的书面通知必须在收到监督委员会的申诉结果通知后，于10个工作日内，通过挂号信或等效的方式，提交给听证和申诉委员会秘书。之后，根据听证和申诉委员会的相关程序来处理。

此外，任何权利受到监督委员会作为或不作为侵害的个体、公司或组织，可请求重新审议和申诉听证会。如果监督委员会的决定仍遭到方案有关各方的反对，那么，可仅仅依据跟正当程序有关的事宜，向听证和申诉委员会提交一份申诉请求，认证和申诉委员会可自行决定是否审议申诉。任何权利受到标准和认证理事会作为或不作为侵害的个体、公司或组织，可请求标准和认证理事会的重新审议。听证和申诉委员会是跟美国机械工程师协会的规范和标准有关的事宜的最高级的申诉机构。

7.4.7 会议管理

标准制修订过程中，需要召开大量会议。为此，ASME对会议也有若干要求：

a. 会议由标准委员会或代表标准委员会的主席召开；

b. 提倡电话会议，以便减少交通和方案完成的时间；

c. 召开面向大众的会议。社会人员可对正处于讨论中的项目发表意见，但无投票表决权。然而，考虑到人员、鉴定、认证、注册、诉讼和其他的行政问题等，一部分会议可在执行阶段召开；

d. 会议法定人数应由超过50%的、有投票表决资格的共识委员会成员构成。在法定人数缺失的情况下，会议记录及任何表决决定的方案都应以记录成员选票为准；

e. 关于会议程序的问题不涵盖在这些操作规则之内，应使用“罗伯特议事规则”。

7.5 标准应用

ASME高度重视标准的应用，采用各种措施积极推广和支持它的标准使用，典型的措施包括标准与认证紧密结合，建立并规范标准解释渠道，组织召开各类学术研讨会议（如 ASME 标准周）制度，建立相关的下属机构（如 ASME 中国国际工作组）等。

7.5.1　标准解释（释义）

开展标准解释是为标准使用者提供支持和服务的一种重要手段，有利于使用者积极使用标准和正确使用标准。ASME 对此高度重视，并严格规范对标准解释的具体措施。

ASME 规定，所谓解释就是对文字（例如信件、传真或邮件）询问做出的正式的书面回应。这些回应要求写在印有“美国机械工程师协会解释”抬头的信里，传达给询问者。

除了这种正式的书面回应，ASME 也允许由美国机械工程师协会员工和志愿者对询问作出非正式回应，但要求此类个人回应应附带一份声明，以澄清这些回应为个人的观点，并非 ASME 的解释。这些非正式回应可以是口头的，也可以是书面的。如果采用书面形式，则不得用印有“美国机械工程师协会解释”抬头的信纸回应。

ASME 对其标准解释在形式和内容上也有具体要求，包括：

1）解释应采用一问一答的形式书写；

2）询问或答复应包括相应标准的名称及其具体版本；

3）当现有的解释在确定需要改正或说明时，应予以修订。当有材料支撑时可提出一份建议，建议美国机械工程师协会重新考虑现有的解释；

4）解释不得修改标准现存要求或确立新要求；

5）解释不得回答为什么（即说明标准的技术依据），除非是一些在标准协商一致过程中达成共识的基本原理性质的内容；

6）解释不得批准、证明、评价或认可任何项目、建设、专利设备或活动；

7）解释应由标准委员会或分委员会负责行政事务人员签字，采用印有“美国机械工程师协会解释”抬头的书信方式，传达给询问者；

8）那些没有以专门出版物出版的解释应发布在美国机械工程师协会

的网站上和/或《工程机械》杂志的规范和标准专栏。

解释的批准必须经由以下两个委员会中的任意一个：

9）共识委员会或分委员会。解释可由共识委员会或分委员会投票批准。任一利益类别不得在分委员会中占据多数份额；

10）特别委员会。解释可由特别委员会通过不记名投票表决批准。特别委员会成员应由对标准负责的共识委员会或下属团体的会员组成。任一利益类别不得在特别委员会中占据多数份额。特别委员会至少应有五位成员，其中一位应为对标准负责的美国机械工程师协会的秘书。特殊委员会成员应由标准委员会或分委员会主席任命。特殊委员会的其中一位成员应被指定为主席，由标准委员会主席任命。

解释的批准需要投票表决，共识委员会或分委员会（以下简化为“委员会”）和特别委员会的投票过程有所不同。

委员会的投票要求如下：

1）投票的方式可以是信件、传真、会议投票或者电子方式；

2）秘书在向委员会成员提交投票提议时，应一起提交：

a. 提议的询问和答复；

b. 原始询问的复印件。

3）投票的形式包含三种：不反对、反对和不投票；

4）当采取会议表决时，批准解释需要不少于2/3的出席会议且具有投票资格的会员投“不反对”票；

5）当采取会议表决之外的投票形式时：

a. 委员会所有具有投票权的成员都应有机会参与投票表决；

b. 投票时间应在收齐所有反馈后结束，但自发布之日起计算，投票时间最多不超过四周，除非获委员会或委员会官员同意延长投票时间；

c. 投反对票的成员应提供书面理由，并提出另一种“解释”；

d. 在投票时间结束后，秘书收到的选票不得计算在内，除非委员会或委员会官员批准延长投票时间。投票时间结束后，秘书应向委员会提交一份完整的投票统计。所有反对意见都应得到委员会主席的慎重考虑，并努力予以解决。针对具有实质性的反对意见做出的回应应加以记录，使其方便委员会成员获取；

e. 若因为解决反对意见而对解释做出了新的技术性改动，则应将新的解释提交至委员会。成员们可在两周时间内重新考虑他们的投票。如果反对意见仍无法解决，那么应将它们汇报给委员会，一起提交的还有反对的理由以及回应的复印件。每一位想要改变其初始投票的成员都应在规定的时间内，如实表明。或许会举行再循环投票。提交未解决的反对票的成员应被告知其申诉的权利；

f. 批准解释的前提是投不反对票的成员不少于2/3，且有超过一半的成员参与了投票。

特别委员会的投票要求如下：

1）特别委员会的全体成员都应投票；

2）投票的方式可以是信件、传真、会议投票或者电子方式；

3）秘书在向委员会成员提交投票提议时，应一起提交：

a. 提议的询问和答复；

b. 原始询问的复印件。

4）投票的形式包含两种：不反对和反对；

5）投反对票的成员应提供书面理由，并提出另一种“解释”；

6）投票时间可在收齐所有反馈后，或者发布两周后结束，除非委员会或委员会官员同意延长投票时间；

7）秘书应向特别委员会提交一份完整的投票统计。所有反对意见应得到特别委员会主席的慎重考虑，并努力予以解决。针对实质性反对意见所作出的回应应加以记录，使其便于特别委员会成员获取；

8）若因为解决反对意见而对解释做出了新的技术性改动，则应将新的解释提交至委员会。成员们可在两周时间内重新考虑他们的投票；

9）批准解释需要全体成员投“不反对”票；

10）如果反对意见无法解决，那么应将解释提交至共识委员会或分委员会，并按照委员会的投票程序来进行处理。

所有传送文件的复印件都应抄送标准委员会主席和副主席。

7.5.2 合格评定

合格评定是一种确定相关要求是否得到执行的方法，当今合格评定的方法有认可、认证、检查、注册、供方说明和测试等。美国的合格评定机制，合格评定政策、导则和条例由 ANSI 制定。ANSI 设有合格评定政策委员会，该委员会与国际合格评定委员会（ICAC）和《认可委员会》密切联系。所用指导性文件均采用国际标准：ISO 9001，ISO 14001，ISO/IEC 17024，ISO/IEC 指南 61，ISO/IEC 指南 62，ISO/IEC 指南 65，ISO/IEC 指南 66。ANSI 董事会 2002 年 9 月批准了《国家合格评定原则》（NCAP）。ANSI 直接进行认可服务。开展对第三方认证体系的认可、质量认证机构的注册认可、实验室的认可、人员资格评定认可。ANSI 的认可计划是按照类似的国际原则自行建立，经政府鉴定和同行评定。另外，在注册认可局（RAB）的合作下 ANSI 还参与几个国际和区域的多方认可，例如国际认可论坛（IAF）、美洲间认可合作（IAAC）以及太平洋地区认可合作（PAC）。ANSI 通过国家标准与技术研究院（NIST）和国家自愿性合格评定体系评估（NVCASE）计划得到美国商业部的承认。

作为美国标准业界的通行做法，合格评定也被引入 ASME 的标准化活动中。正如前文所述，ASME 在组织结构上，将标准和认证捏合为一个整体，并制订了规范的认证流程。ASME 的认证流程大致如下：

1）与提供 ASME 认证咨询服务的机构签订咨询服务合同；

2）申请单位（制造厂商）与授权检验机构（AIA）签订 ASME 制造厂检验合同（MIC），并按合同规定分期付费；

3）申请单位向 ASME 发函，获取申请表格；

4）向 ASME 邮寄申请表和申请费、申请费和差旅费预付款，并向 ASME 购买原版 ASME 规范；

5）编制满足 ASME 认证要求的质量管理体系文件；

6）做好接受审核的准备：

a. 申请单位组建 ASME 迎检工作小组，与 AIA 共同配合。ASME 迎检工作小组成员应由负责设计、采购、焊接、铸造、无损探伤、质量控制以及质量保证人员组成；

b. 准备质量手册和质量控制程序。

7）联检的日期按照 ASME 安排的日程进行，人员有 ASME 的代表和授权检验机构（AIA）的主任授权检验师（AIS）和授权检验师（AI）组成。通常联检需要两天；

8）ASME 收到联检组的推荐结果后做出最终结论，如果同意发证，ASME 将在联检结束后大约两个月左右给申请单位颁发 ASME 钢印和授权证书；

9）ASME 钢印产品的检验：申请单位取得 ASME 证书后，任何需要打 ASME 钢印的产品，均需 ASME 授权检验师（AI）的检验。具体的检验服务和相应的检验费用按照 AIA 与申请单位所签订的检验合同（MIC），也可与授权检验机构（AIA）另行议定；

ASME 钢印和证书三年有效，三年以后将进行换证，程序和要求同取证一样。

7.6　标准维护

7.6.1　标准维护模式

为了保持标准的适用性和先进性等特性，ASME 规定标准委员会应按照章程对标准进行维护，必要时应进行修订（ANSI 规定美国国家标准发布满 10 年就自动失效）。ASME 对标准的维护规定了三种方式：

1）定期维护：在标准发布不满 5 年（如果上升为国家标准，则指 ANSI 批准的时间）的时间内，通过定期复审，对整个标准进行修订、重新确认或撤销的一种标准维护方式。不超过 5 年这一规定，是参照了 ISO 和 IEC 的规定。秘书应在标准发布满 5 年后的 30 天内向 ANSI 提交重新确认或修订的请求，除非该标准采取了定期维护并已经告知 ANSI 开始了启动工作或就公众评议做了通告；

2）持续维护：根据标准委员会事先制定的计划，对标准的任一部分做出的变更的标准维护方式。维护周期一样不能超过5年。每项标准在其通过之后的5年内都应进行重新确认、修订或撤回。对于持续维护的标准，除非已就公众审议请求提交美国国家标准学会，否则应在该标准发布满5年后向美国国家标准学会提交维护延时请求，但之后的维护方式应变为定期维护；

3）稳定维护：标准维护的一种方式，需每10年进行一次状况评估，而不必每5年进行一次修订或重新确认。实施稳定维护的前提是此类标准应满足以下条件：

a. 该标准涉及技术或实践非常成熟，不太可能需要修订；

b. 该标准与安全或卫生无关；

c. 该标准目前已是美国国家标准且已被重新确认过至少一次；

d. 该标准的最新版至少于十几年前获得美国国家标准学会批准（不包括美国国家标准学会重新确认的日期）；

e. 该标准须跟现有实施联系使用，或仅供参考用。

据上可知，稳定维护模式适用于上升为美国国家标准的ASME标准，无需每5年修订或重新确认一次，但是每10年要审查一次。审查结果无论是继续有效（重新确认）、修订还是撤销，都要报告为美国国家标准学会。在此期间，如果有利益相关方提出修订或撤销的建议，那么该建议视同为一项新提议并按新提议的程序进行处理，但必须在自接收之日起60天内进行处理。此类建议仅需说明建议的理由而不需要提出一份具体的修订稿。标准委员会或监督委员会应在收到建议的60天内，通过书面回应的方式将处理结果告知建议提交者。

7.6.2 标准与ASME技术活动的相互支持

ASME在标准化方面的成功，还源于它自身强大的技术实力与相关活动，这些构成了ASME标准的服务支撑体系。其中典型的是ASME庞大的技术出版与交流。ASME是世界上最大的技术出版机构之一；出版21种技术期刊和大量的图书、技术报告等，ASME期刊涵盖的学科包括：基础工程（能量转换、能量资源、环境和运输、一般工程学、材料和结构）；制造（材料储运工程、设备工程和维护、加工产业、制造工程学、纺织工程学）；系统和设计（计算机在工程中的应用、设计工程学、动力系统和控制、电气和电子封装、流体动力系统和技术、信息存储和处理系统）。由于工程领域各学科间交叉性不断增长，ASME 出版物也相应提供了跨学科前沿科技的资讯。ASME 每年召开约 30 次大型技术研讨会议并举办 200 个专业发展课程。ASME 主办了大量机械工程制造领域的顶级学术会议，如 IMECE（国际机械工程交流博览会），GT（涡轮机械博览会）等，并与 IEEE 等其他学科的顶级学会合作主办交叉学科和多学科复合行业学术会议，被认为是业内最高水平的学术组织。

ASME 开发了自己的平台（ASME Digital COLLECTION）提供其所有出版物的电子访问服务，包含了 2002 年开始的所有上述会议的会议收录文献资料。ASME 现有的期刊有：

（1）《应用力学评论》Applied Mechanics Reviews

（2）《应用力学期刊》Journal of Applied Mechanics

（3）《生物机械工程学期刊》Journal of Biomechanical Engineering

（4）《计算和非线性动力学期刊》Journal of Computational & Nonlinear Dynamics

（5）《电子封装期刊》Journal of Electronic Packaging

（6）《能源技术期刊》Journal of Energy Resources Technology

（7）《流体工程学期刊》Journal of Fluids Engineering

（8）《燃料电池科学和技术期刊》Journal of Fuel Cell Science and Technology

（9）《传热期刊》Journal of Heat Transfer

（10）《机械设计期刊》Journal of Mechanical Design

（11）《机制和机器人技术期刊》Journal of Mechanisms and Robotics

（12）《医疗器械期刊》Journal of Medical Devices

（13）《热能科学和工程应用期刊》Journal of Thermal Science and Engineering Applications

（14）《压力容器技术期刊》Journal of Pressure Vessel Technology

（15）《太阳能工程期刊》Journal of Solar Energy Engineering

（16）《工程计算与信息科学期刊》Journal of Computing and Information Science in Engineering

（17）《动力系统、测量与控制期刊》Journal of Dynamic Systems, Measurement and Control

（18）《燃气轮机与动力工程期刊》Journal of Engineering for Gas Turbines and Power

（19）《工程材料与工艺期刊》Journal of Engineering Materials and Technology

（20）《制造科学与工程期刊》Journal of Manufacturing Science and Engineering

（21）《海上机械与极地工程期刊》Journal of Offshore Mechanics and Arctic Engineering

（22）《摩擦学期刊》Journal of Tribology

（23）《涡轮机械期刊》Journal of Turbomachinery

（24）《振动与声学期刊》Journal of Vibration and Acoustics

（25）《工程和医学中的纳米技术期刊》Journal of Nanotechnology in Engineering and Medicine

（26）《微纳制造期刊》Journal of Micro and Nano-Manufacturing

（27）《ASCE-ASME 工程系统中的风险和不确定性，B 辑：机械工程》ASCE-ASME Journal of Risk and Uncertainty in Engineering Systems, Part B: Mechanical Engineering

（28）《核工程和放射学期刊》Journal of Nuclear Engineering & Radiation Science

（29）《校核、验证和不确定性量化期刊》Journal of Verification, Validation and Uncertainty Quantification

7.7 运行模式特点

1）ASME 的标准化运行模式受到美国标准化管理体制的影响，也遵循和符合后者的要求。美国的标准化管理机构和标准制定组织是分开的，政府机构制定管理技术法规和从事标准化研究，标准制定分散于不同的标准制定组织或协会。

2）ASME 制定标准的组织形式是技术委员会。技术委员会由协会管理，秘书处都设在协会里，自成体系，不受 ANSI 领导。标准由协会自己批准颁布（上升为国家标准除外）。

3）ASME 的标准制定程序深受美国国家标准协会提出的标准制定的正当程序要求的影响，这种所谓的正当程序的核心是以满足用户需求为宗旨。根据后者的正当程序要求，具备公开参与、协商一致、公平竞争、透明、灵活和可以上诉的特点，也包括：①技术委员会制定标准采用统一的公正的程序，而且有监督机制保证公正程序的正确执行，对于不执行公正程序的偏向有上诉机制制约；②在协商一致过程中成员的投票一视同仁，不以在组织中的成员资格为条件，而是根据公平、均衡的原则确定；③政府在标准制定时不进行行政干预，可以以成员身份参加技术委员会，协商和投票时和其他成员同等对待；④标准维护机制健全，一般所有标准每 5 年必须复审，决定是否修订或废止。

4）ASME 的标准制定程序在细节上也具备一定的自身特色：

a. 标准委员会广泛吸收成员，但实行分类管理：一大类为利益相关方（按利益类别来分配）代表，具有投票权；一类为不具有投票权或有限投票权的自愿成员，主要的作用是为委员会提供贡献；

b. 为了能充分反映利益相关方的诉求并协商一致，具有完整投票权的共识委员会的组成高度强调利益相关方的平衡。共识委员会成员依据其最初的支持者的商业利益类别进行分类。指定给成员的类别系统和类别由共识委员会提议，以认知监督委员会的认可为准。处理安全规范和标准的共识委员会成员构成中，来自同一个利益类别的不得超过 1/3。处理产品标准的共识委员会中，来自同一个利益类别的不能占绝大多数的席位；

c. ASME 重视下属团体的建设。下属团体被定位为标准委员会的咨询性机构。尽管下属团体通常不会协商一致，但只要可能，它们都应当拥有来自不同利益类别的代表。目前 ASME 在中国建立的众多中国国际工作组就是标准委员会的下属团体之一；

d. ASME 对协商一致（ASME 也称之为共识）的理解及其具体行为方面有三个特点：一是，共识是指由具有直接影响和重大影响的利益相关方达成的实质性协议；二是，同意这一实质性协议的占绝大多数，但也并非全体一致；三是，共识需要考虑所有的意见，包括异议，并为之做出努力。

5）ASME 的标准化的运转受经济体制运转的驱动，在市场经济体制下，标准化以市场为导向，以满足用户需求为目的。ASME 在制定新标准和修订标准的前段，规定需要清楚阐述与立项必要性和可行性相关的若干问题。

6）ASME 标准的制定流程大致分为工作组起草草案、委员会协商一致（讨论和投票）、广泛征求意见、工作组处理意见并开展第二轮委员会投票、批准和发布。

7）ASME 建有世界一流的标准服务体系。ASME 利用技术出版物、学术交流和现代媒体向标准用户及时、准确和有效地提供标准信息服务，包括其出版的杂志、开设的网站以及 C&S 工作平台。

8）ASME 建有先进的合格评定机制和完善的标准实施保障体系。市场准入、法律法规、合格评定与检验检测四个环节相互衔接与配合，政府的职责是监督与执法。产品要进入市场，首先需要获得市场准入资格，但获得市场准入资格的前提是产品应符合技术法规和标准，而是否达到技术法规或标准的要求需要通过合格评定来证明，产品的检验检测则是合格评定程序的最主要的环节。因此，标准实施保障体系主要由技术法规体系、合格评定机制和检验检测制度构成。合格评定机制是直接或间接用来确定是否达到技术法规或标准的要求的程序。ASME 的典型做法是 ASME BPVC

第Ⅲ卷被联邦法规10CFR所采用，成为事实上的技术法规，而为了推动第Ⅲ卷的应用，分别建立ASME的钢印和证书制度，开展授权检验和认证，从而为采用第Ⅲ卷的用户提供信誉支撑，为产品用户提供质量保证。

9）ASME建有完善的超前标准化论坛和标准后端的继续教育机制。ASME把服务于标准制修订的标准化论坛和服务于标准应用的继续教育当成标准化运行模式的一个重要组成部分，如ASME一年四次的标准周以及标准化宣贯和培训等，从而从前后两端为标准化运转提供了有效支撑。

第八章　法国核岛设备设计和建造规则协会的运行模式

8.1　概述

法国核岛设备设计和建造规则协会（AFCEN）是法国制定核电标准的标准化组织，它是由法国核能产业的主要单位于1980年成立的一个民间协会，目前主要成员是法国电力公司（EDF）、阿海珐集团（AREVA）、法国原子能委员会（CEA）以及其他新成员。AFCEN成立的大背景是：早年的法国压水堆核电厂采用的是美国西屋公司的技术，采用的标准是美国的联邦法规、NRC管理导则、ASME锅炉与压力容器规范等。在法国核电工程实践中，由于工业技术水平的差异，对新产品、新工艺的认知，法国法规与标准的应用，法国科技成果的应用，法国核电出口的需要等诸多原因，法国不能照搬美国的法规和标准。法国安全当局、EDF要求核电的设计和建造应得到很好的鉴定，但鉴定哪些方面，如何鉴定，采用什么验收准则，都没有明确的规定，供方与需方、供方与安全当局之间存在分歧，难以达成协议，需要有共同认可的基础。法国原有的承压设备的法规如1926年的压力容器法令，没有关于核承压设备的规定，自然不能满足压水堆核电厂承压设备设计和建造的需要，而需方（EDF）根据电力设施制造和运行的经验，以及欧洲的反核势力的压力，对核电厂的设计、建造、运行提出一些特殊的更严格的要求。在供方方面，为了制造大型的承压设备必须采取新的得到认可的措施。这一切都在呼唤法国需要有自己的核电技术标准。法国在1970—1980年间开展了以建立新规则为目标的若干重要活动。

如前所述，1973 年成立了中央核设施安全局（DSIN），1974 年 2 月 26 日颁布了轻水堆一回路系统的法国政府法令。1976 年 EDF 和 FRAMATOME 在法国工业部以及 CEA 的支持下做出了要编制一系列法国核电标准的决定。

在上述背景下，AFCEN 明确其宗旨是依据实践活动来建立严谨的可操作的规范，根据经验反馈、技术进步、法规修改以及安全部门的要求修订、增补和删减规范。而它的最终目标是：节省核电工程技术文件的编审时间；在买方、卖方、制造者或供应方之间规定明确的合同基础；与核安全当局建立技术上的联系；增进标准化；方便技术转让。

AFCEN 的组成方高度重视标准建设。EDF、AREVA 和 CEA 对标准的认识和期待，随着法国核电技术水平和能力的发展，在不断与时俱进。早些年发展标准，是为了更好地适应法国的监管要求，吸收和固化法国工程经验，统一产业链上下游的相关要求和做法。后来，随着法国核电逐步走出去，为了支撑其核电项目的投标和建设，不断补充和完善其标准系列。近几年，为了支撑法国核电在国际市场的竞争以及设备采购的全球化，AFCEN 也在积极推动其标准的国际化，包括广泛吸收国际会员并在国际上推广其标准，在标准中积极采用和融合国际标准和欧盟标准，积极主动适应各国的监管要求，参与和主导相关的标准化活动（如 MDEP、Cordel 等）。另一方面，AFCEN 和法国其他相关方也认识到标准对核安全的保障以及核电设计制造能力、运行水平的提升具有重要的作用。

AFCEN 是法国的核电标准制定组织，AFCEN 制定的标准在法国国内是毫无疑义的唯一的核电标准，是其核电项目采用的主要的技术标准。在欧盟范围内，AFCEN 的标准也正发挥越来越大的作用，比如其 ETC-C 等［对外宣称为欧盟技术规范（European Technical Code）］，在发展 EPR 机型（欧洲压水堆）期间，与德国共同制订了 ETC 规范。在国际上，AFCEN 的标准作为其核电出口的技术依据，被广泛用于多国核电项目的 GDA、设计和建造，如中国、英国和波兰等。

AFCEN 虽然是法国的 SDO，但它约从 2010 年前后开始推行国际化战略。而作为推动 RCC 规范国际化的具体措施，AFCEN 不断开展前文所述的举措。其发展策略包括：广泛发展海外成员及外围组织，譬如于2015年3月在中国成立了8个专业用户工作组；在RCC系列标准中积极采用更易被认可的国际标准或欧盟标准，积极考虑各国的监管要求，在标准中提供可供使用者选择的多种技术条款；积极和世界性组织、国外组织、各国的相关部门和科研机构开展合作，如世界经合组织、世界核学会、欧盟能源委员会、中国国家能源局、中国国家核安全局等，合作的形式包括联合开展项目（MDEP、Cordel……）、签署合作协议等。

从AFCEN目前及今后的标准发展来看，其路线图至少包括以下几个方面：a. 基于福岛事故带来的影响及经验教训，AFCEN开展了基于安全分析的事故扩展工况条件下的建筑物（安全壳系统）危害设计，并在此基础上修订了ETC-C，修订后的标准命名为RCC-CW；b. 针对核设施退役的需求，积极开展退役标准的制定，预计将于2017年发布退役标准RCC-D；c. 针对未来核电发展的技术路线，将RCC-MRx作为其下一代或下一阶段标准和规范的重中之重。

8.2 管理体制

法国的标准化机构经过多次改革，最后采取了官助民办、政府监督的办法。政府内设有标准化专署，代表政府指导、监督全国标准化工作，具体工作由民间团体—法国标准化协会（Association Francaise de Normalisation，AFNOR）负责。

8.2.1 法国标准化协会

AFNOR成立于1926年，是由政府承认和资助的全国性标准化机构，是一个组织制定产品标准，协调各部门标准化工作的官助民办、政府监督的公益性民间团体。1941年5月24日，法国政府颁布了标准化法，确认AFNOR为全国标准化主管机构。AFNOR接受法国工业部标准化专署的领导，按政府指示开展全国标准化工作，并定期向标准化专员汇报工作。

AFNOR 作为全国标准化主管机构，在法国工业部监管下，按照政府的指示组织和协调全国标准化工作，与 31 个行业标准化机构（其中有一个核设备标准化机构 BNEN）、部分行政管理部门、1300 多个技术委员会和 3 万多名专家组成了法国标准化系统。AFNOR 是欧洲标准化委员会（CEN，由 29 个协会组成）和 ISO 的法方成员，代表法国参加国际和区域性标准化机构的活动。AFNOR 的国际标准化活动的宗旨是保证法国标准化体系在欧洲构架和经济全球化背景下的影响力和竞争力。

法国标准由行业标准化机构或 AFNOR 设立的技术委员会制定。各行业的标准化机构是由标准化专员在征求各方面意见后，经政府有关部门批准而设立的。行业标准化机构与 AFNOR 关系密切，一般都不制定自己的专业标准，而是为 AFNOR 起草法国国家标准（NF）草案，然后交由 AFNOR 按照规定程序批准后，作为法国标准发布实施。目前，法国共有 31 个标准化机构（最多时达 39 个），承担了 AFNOR 的 50%的标准制修订工作，其余 50%则由 AFNOR 直接管理的技术委员会来完成。

在法国，只有 AFNOR 有权发布法国标准。法国标准的制定主要是在 AFNOR 的组织、协调下完成的。法国标准的立项依据基本上是以市场和企业的需求为主导，通常采取三种方式：一是由 AFNOR 广泛收集信息，将市场和企业比较集中的意见统一，立项为标准；二是同一类企业共同发起，对共同关注的课题，向 AFNOR 申报标准立项；三是同一类企业就共同的课题制定本行业的规范或手册，由 AFNOR 规范为标准。

8.2.2　法国的标准体系

法国的标准体系以国家标准和团体标准为主体。法国标准原来分为四级：正式标准（HOM）、试行标准（EXP）、注册标准（ENR）和标准化参考文献（RE）。1983 年以后，取消四级标准体制，原来的四级标准统称为有效标准。

法国标准代号为 NF+字母分类号+组号+标准序号，如果引用国际或国外标准，直接使用该国际或国外标准号，再在前面加上 NF。法国标准的表示方式：

1）NF L XXX-XXX

2）NF EN XXX

3）NF ISO XXXX

4）NF EN ISO XXXX

法国为加快标准制定速度，提高法国标准的国际性，确定了积极采用国际标准的政策。AFNOR 是法国进入 CEN 和 ISO 的门户。AFNOR 制定标准的重点是欧洲标准，即直接立项为欧洲标准，因 CEN 在 ISO 中的地位十分突出，故欧洲标准 85%的直接上升为国际标准。法国现行标准大约两万个，其中采用国际标准约占 60%左右。在承担的 ISO 技术委员会和分技术委员会秘书处中，AFNOR 占有 10.6%，仅排在 ANSI（17.6%）、DIN（17%）和 BSI（13.3%）之后，列第 4 位。

8.2.3 法国标准制修订通用程序

法国每三年编制一次标准制修订计划，每年调整一次，制定周期一般为一年半左右，大致分为下列六个阶段：

1）确定需求。从两个方面分析新标准在技术和经济上的可行性：

a. 这个标准的制定能否为本部门带来技术和经济“利益”；

b. 制定这个标准所需的知识是否够用。

2）技术准备阶段。经标准化专员批准，将制定标准项目列入计划，并委托某人或有资格的组织起草预备性文件。

3）标准草案准备阶段。由生产者、用户（包括消费者）、检验部门、政府机构、标准化协会及有资格人士代表组成一个委员会，审查预备性文件，进行讨论研究，包括做必要的试验，与国外标准对比，与现行标准协调并与国际和欧洲标准化组织进行必要的磋商，经委员会和 AFNOR 初步同意后，标准草案即告完成。

4）草案征求意见阶段。由标准化协会向各有关组织和个人分发标准草案，征求意见，其中包括欧洲标准化委员会的意见，同时，标准化专员向政府各部门征求意见，经调查和必要的修改后，拟成正式文件。

5）审批阶段。由标准化协会负责上报标准化专员审批，并由标准化协会颁布、出版新标准。

6）后续活动。标准化主管部门对标准在应用过程中的相关性进行定期评估，包括这个标准能否满足新的需求。

8.2.4　法国标准的应用

法国标准除了少数（数百项）由政府法令规定为强制执行的以外，大多数均为自愿性标准，企业可采用或不采用，但如发生纠纷，法院则按有效标准进行裁决。对于自愿性标准的使用，法国政府积极采用直接或间接的办法加以推广使用，譬如：

1）法国制定了贯彻执行标准的条例，条例规定各级国家机关和国家资助的企业，在其合同书、条例、说明书及拍卖条款中，必须说明标准并准确介绍标准的实施方法；

2）有关机构可以把标准作为干涉某件事件的依据。有时，标准中的某些章、节可编入法律、条例；

3）私营企业可自愿采用标准，但如有明文规定应参考某标准时，该标准则为仲裁纠纷的依据，即便没有明文规定，一旦发生争议时，标准仍可作为分清责任界限的参考根据；

4）将标准与合格评定相结合，实行产品质量标志制度，带标志的产品应符合标志章程中的各项规定，表明这些产品的制造厂、销售商和装配厂都遵守了所颁布的规则。

8.3　组织结构

AFCEN 的组织结构相比 ASME 而言，较为简单，但有其特色。

1）AFCEN 专职人员很少，只有少数专职秘书，负责文件整理、传达和会务等事务性工作，其余都是 EDF、CEN 和 AREVA 的人员兼职，但这些兼职人员比较固定，每年都会投入固定的时间（各类人员投入的时间不一，一般都是几个月），所在单位也非常支持他们参与工作。

2）AFCEN 不招收个人会员，会员都是其成员单位的派出人员。这一方面尤其有别于 ASME 等组织的志愿者。

3）AFCEN 的组织结构大致可以分为几级：第一级是理事会，它是 AFCEN 的领导层，包括正副主席和 EDF 等 AFCEN 组成单位的全权代表；第二级是秘书处，它负责 AFCEN 的日常事务，7 个秘书分别负责信息化系统管理、对外联络、标准销售、海外合作等；第三层是编辑委员会和培训委员会，前者负责标准的编制、编辑和修改，并与核岛设备的制造厂家保持紧密联系，主要由各分委员会的主席组成，后者负责标准的培训事宜。在编辑委员会之下，还设有 7 个分委员会（RCC-CW、RCC-E、RCC-M、RCC-MRx、RCC-C、RCC-F、RSE-M），各分委员会还分别设有工作组和任务组。一般的技术性工作都由工作组完成，分委员会负责对工作组的成果性文件进行审核，分委员会提出的标准修改等变化提交编辑委员会进行更广范围的审核（保证 RCC 系列规范的整体协调）。

4）AFCEN 运作的另一大特点是设有专门的质量保证部门和人员，基于 ISO 9001 质量管理体系认证对 AFCEN 的活动实施全过程的质量管理。

AFCEN 的组织结构简图如图 8-1 所示。

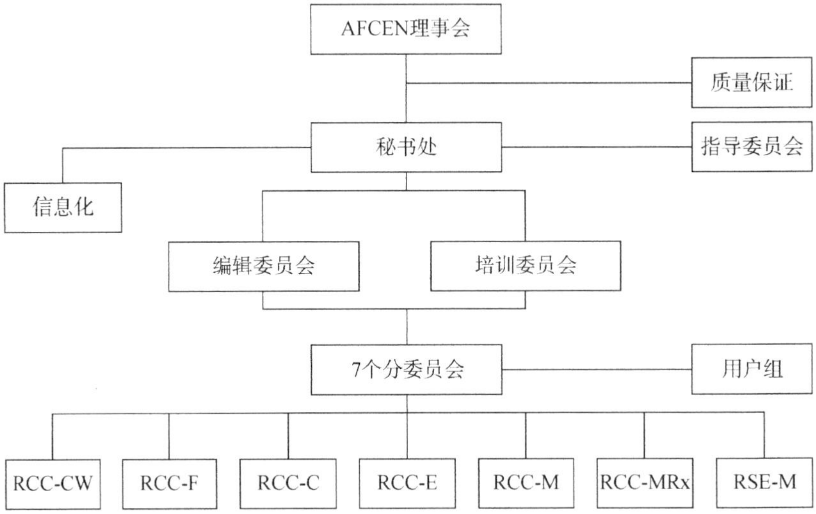

图 8-1 AFCEN 的组织结构简图

8.4　标准制定

法国的核电标准经过三十年的发展，其体系已趋于稳定。几十年来的标准体系结构变化微乎其微，仅仅减少了 RCC-P《压水堆核电厂系统设计和制造规则》，其次是计划增编“核设施退役规范”RCC-D。目前 AFCEN 的标准主要包括 RCC 系列规范（Rules for the Design，Construction and in-service inspection)，标准体系结构如下：

1）RCC-M 压水堆核电厂核岛机械设备设计制造规则；

2）RSE-M 压水堆核电厂核岛机械设备在役检查规则；

3）RCC-E 压水堆核电厂核岛电气设备设计制造规则；

4）RCC-CW 压水堆核电厂土建设计建造规则；

5）RCC-C 压水堆核电厂燃料组件设计制造规则；

6）RCC-F 压水堆核电厂防火系统设计制造规则；

7）RCC-MRx 高温部件、研究堆和聚变堆用机械设备设计制造规则。

从更大层面而言，法国的核电安全法规标准体系也一直在完善，随着 2006 年颁布《核领域透明和安全法案》(Act on Transparency and Security in the Nuclear Field，TSN)，形成了现在的核安全监管体制。法国的核安全法规体系从本质上来说，也基本满足 IAEA 所期望的体系架构。按照属性或效力，包括如下几类：

1）TSN 法案。《核领域透明和安全法案》(Act on Transparency and Security in the Nuclear Field，TSN）是与核设施安全有关的基础法律，ASN 也是依据该法案成立。它也可能是目前世界上最新的一份国家核安全法案，同时也是将核信息透明化要求纳入国家最上层法规的国家级法案。

2）政府条例（法令）。伴随 TSN 法案，已有 13 个条例已颁行，如 2007-1572 号条例“核设施事件或事故技术调查”。这些法规均属于强制性规定。

3）技术规则（Technical Rules)。技术规则涵盖了所有关于核安全的技术规则，其中有些规则属强制性法规，如核承压设备 ESPN 法令等；有些是非强制性的建议，如通告（Circulars）和基本安全规则（Basic Safety Rules，RFS）等。RFS 是 ASN 针对压水堆制定的各种基本安全规则，详细描述了 ASN 认为可以满足相关法规所订安全目标的可行做法。RFS 属非强制性要求，受监管的机构也可采用其他经证明也能满足规定的安全目标的方法。因此，从本质上来说，RFS 属于管理导则。目前已正式发布的 RFS 有 42 份，其中压水堆部分有 25 份，其性质与美国核电厂安全设计基准总则（General Design Criteria，GDC）相近。

4）核工业规范（标准）。AFCEN 代表工业界制定的标准，即我国核电业界所熟知的 RCC 系列规范和 RSE-M 规范。这些规范在 ASN 审查认可后，通过 RFS 对其背书而成为核安全法规体系的组成部分。每个 RCC 标准在使用中都涉及和引用了大量法国一般工业标准，与核能有关的一般工业标准约有几百个，主要为 NF 标准，是由法国标准化协会（AFNOR）制定的。法国核电还选用了一些国际标准和美国、德国等其他核电先进国家的标准，如 EN、IAEA、ISO、IEC、ANSI、DIN 中的标准等。

AFCEN 制定的核电标准体系具有强烈的规划特质，数量少但结构清晰，针对性强。这种体系结构与法国的核电技术路线具有一定关系。法国核电起步滞后美国约 10 年，但自 20 世纪 70 年代起集中力量发展单一的压水堆堆型，很快就形成了 CP1、CP2（900 MWe）、P4（1300 MWe）、P4′、N4（1400 MWe）、EPR 等机型，这些机型一脉相承，具有系列化特征，因此法国的核电标准也是单一和系列化的。

在法国核电标准制定过程中，法国政府发挥了对核电标准事业的强有力的领导作用。可以从下面的法国压水堆核电厂的发展进程看出，法国的核电法规标准体系的建立是核电工程发展的产物，是国内核电建设的需要，也是核电出口的需要。1970 年法国决定建造压水堆 Fessenheim 1#、2# 机组，1974 年确立了建设 34 座 900 MWe 标准压水堆核电厂的“合同计划”（Contract Program），1975 年又确立了建设 20 座 1300 MWe 标准压水堆核电厂的计划。在 Fessenheim 1#接近建成（1977）的时候，即 1976 年就开始建造南非的 Koeberg PWR 核电厂。1977 年 EDF 和 FRAMATOME 成立了联合工作组，开始编写 RCC-M 和 RCC-E，分别于 1977 年和 1979 年完成了第一稿和第二稿。1980 年成立 AFCEN。1981 年出版了 RCC-M 的第一版。1981 年开始为韩国建造 Ulchin 1#、2# PWR 核电厂，1982 确立了 2 座 1450 MWe N4 PWR 核电厂计划，1987 年开始为中国建造大亚湾核电厂，1991 法国与德国合作开始了欧洲压水堆（EPR）工作。

8.5　标准应用与维护

从应用的范围来看，RCC 系列标准已成为仅次于 ASME 规范的核电标准。目前除了法国本土企业使用外，中国等国家也在大量使用。从使用情况来看，AFCEN 对标准的应用具有以下特点：

1）AFCEN 作为法国核电业界主要企业联合成立的协会组织，它的 RCC 系列标准在 AFCEN 的成员国，尤其是创始国中具有强制应用的特性；

2）为了推动 RCC 系列标准的使用，在早期 AFCEN 积极与法国核安全当局沟通配合，借助监管当局的导则（安全基本规则，RFS）对 RCC 系列标准进行认可，为其背书，从而推动 RCC 标准的应用；

3）AFCEN 借助法国核电技术出口，在海外项目中推广应用 RCC 系列标准，实现 RCC 标准走出去，并进而促进 RCC 系列标准的国际化；

4）AFCEN 成立了专门的培训委员会来帮助 RCC 系列标准的应用。培训委员会由理事会任命的一名创始成员代表来主持工作。培训委员会包括协会各创始成员的一个代表和各分委员会的一个代表。培训委员会负责向用户提供 AFCEN 系列标准的培训课程，主要任务包括评估候选企业开展培训课程的能力，向理事会建议认可的企业，验证培训企业所使用的培训材料和培训人员的能力；

6）同样为了帮助用户更好的应用标准，AFCEN 针对其用户提供标准咨询服务，主要的形式是咨询单；

7）AFCEN 在海外成立用户组，为用户建立一个能与 AFCEN 专家直接交流的技术平台。AFCEN 近两年在海外成立了 RCC 用户专业组，譬如我国工业界协助 AFCEN 分别成立了 RCC-M 等 8 个 RCC 中国专业用户组。

AFCEN 对标准的维护，具有它独特的特点。它注重标准的价值，关注标准的适用性，主要关注以下几个方面对标准的影响：

a. 工程或其他方面遇到的困难；

b. 知识获取所带来的需求；

c. 技术进步所带来的需求；

d. 政府管理部门的监管要求所引起的变化。

从 AFCEN 维护标准所需的输入来看，主要有以下几种渠道来收集信息：

a. 股东大会及委员会会议的成员；

b. 规范的购买者：以客户满意度调查表格的形式对规范的购买者进行调查进行问卷调查（表格常常包含在规范中），客户可将表格寄回 AFCEN。还可以通过收集和分析购买者的修改申请来获得信息；

c. 培训机构：通过培训机构转交的培训对象填写的培训评估表和培训机构做的评估表汇总获得信息；

d. RCC 用户专业组：这些用户组充当了海外用户与 AFCEN 之间沟通桥梁，为完善 RCC 系列标准发挥了作用。

AFCEN 维护标准的方式有三种：一是修改单，二是补遗，三是升版。

8.6 运行模式特点

外界普遍认为 AFCEN 的核电标准建设是成功的，之所以成功，主要得益于以下几个方面：

1）AFCEN 成立之初，其制定标准的方向或目标就非常明确，通过标准化实现下列目标：节省核电工程技术文件的编审时间；为买方、卖方、制造商或供应商奠定明确的合同基础；与核安全监管当局建立技术上的谅解；促进设计、制造和建造标准化；便于法国核电技术出口时的技术转让。这一明确的标准制定目标，奠定了 AFCEN 标准顶层设计的基础。近年来，AFCEN

也在根据形势的发展而调整，强调“安全、竞争力和性能”这一目标；

2）法国核电相关企业较少，尤其是关键的核电设计和制造企业仅仅有 EDF 和阿海珐集团等，当这两家企业出于共同的目标来制定法国核电标准时，技术上能够相互谅解且较为容易协商一致，应用上易于推广，经验反馈上易于实现；

3）在标准制定和贯彻过程中，法国核电业界各部门和单位齐心协力，尤其是和核安全监管部门积极沟通并获得其支持。法国核安全监管部门的安全导则 RFS 为 RCC 系列标准的背书，推动了 RCC 系列标准的应用；

4）法国核电机型的单一化和系列化，为标准化提供了适宜的制定基础和稳定的发展空间；

5）AFCEN 在组织和管理上建立了高效的运作模式。AFCEN 的组织和管理模式主要依据 ISO 9001 来建立。AFCEN 为其运转建立了过程管理，这些过程涵盖了他们的主要任务及支撑其主要任务的内部活动。主要包括：以标准编写和标准培训为实现其目标的主要过程，辅之以必要的人力资源和能力管理、信息系统和人员管理、采购与销售管理以及整体协调管理。AFCEN 为每个流程任命一个指导人，负责横向协调协会各组织实体的实施活动。建立委员会，委员会由他们认为能够帮助他们出色完成任务的专家组成。AFCEN 各组织实体的负责人为他们提供支持以确保各个委员会的正常运作；

6）AFCEN 的标准制修订工作程序似乎较为简单且封闭，主要过程为研究—编写—翻译，实施主体也限于 AFCEN 内部。与 ASME 等标准化组织相比，过程仅在 AFCEN 内部保持透明，也没有调研到申诉机制，协商一致的评判准则也未调研到；

7）AFCEN 也非常重视其标准的应用，在积极拓展 RCC 系列标准的影响力的同时，通过开展标准培训、提供标准咨询、建立海外用户组等方式帮助标准的应用；

8）AFCEN 的标准维护主要有修改（单）、补遗和升版三种方式，维护的输入主要来自 AFCEN 自身的研究、专家和用户的反馈，输入的渠道包括会议、培训、修改单等。

第九章　我国标准化管理体制和运行模式

9.1　概述

我国标准化的发展历程是中国社会经济发展和制度变迁的缩影。从我国国家技术标准体系和标准化管理体制演变的角度研究我国技术标准体系的发展历程，大致可以分为以下几个阶段。

1）中华人民共和国成立初期。这一时期的标准化工作的主要特点是在国家和行业层面缺乏规范化运作，标准的制定也仅是苏联标准中国化。中华人民共和国成立之初，我国的工业基础薄弱，生产资料极度匮乏，产品质量参差不齐。中共中央高度重视经济建设工作并着手经济全面振兴和复苏计划的同时，也十分重视产品质量问题，专门在中央技术管理局设置标准规格处，开始组织产品标准的制定。由于当时我国工业基础还很薄弱，重要工业产品的关键技术指标还控制在苏联专家手中，标准的制定工作相对来说仍处于起步阶段，摆脱不了对苏联标准的参考和模仿。标准的制定和颁布没有统一的法律法规规范，制定程序、标准格式和语言特点千差万别，颁布的途径也多种多样，有的以国家法令形式颁布，有的以相关部委文件形式颁布。相关部门也疏于对标准实施的监督，很多标准难以有效贯彻。总体上看，标准虽然对新中国工业的快速恢复起到了一定作用，但仍大量存在需要完善和改进的地方。

2）“文革”前后。这一时期的标准化工作带有浓厚行政色彩，制定的标准都是强制性标准。1957 年，国家技术委员会标准局成立，开始尝试通过法规对标准化工作进行规范，先后出台了《编写国家标准暂行办法》

《工农业产品和工程建设技术标准管理办法》，创办了《中国标准化》杂志，并参照苏联标准级别划分方法，将我国标准分为国家标准、部标准、地方标准和工厂标准4个等级。虽然在“大跃进”期间，出现了诸如制定标准要“土洋结合”，要把“大搞群众运动”作为开展标准化工作的根本路线和方法等违反标准化工作规律的提法，但标准化工作的总体发展趋势仍然以法制化、规范化为根本，并取得了显著成绩。1970年，国家技术委员会并入中国科学院，在中科院内设立了3人的标准组，负责管理全国的标准化工作，由于受到“文化大革命”的冲击，标准的制修订工作基本处于停滞状态，随意降低标准和不执行标准的情况十分严重，在1970年—1972年这3年时间里，颁布的国家标准仅85个（其中45个很快作废）。此后，汽车、化肥、罐头食品等产品质量问题频发，引起了国家领导人的重视，周恩来、李先念等领导人对此多次进行批示，产品质量问题再次成为制约工业发展的难题，产品标准的制订工作也开始逐步进入快速发展阶段。在“大跃进”和“文化大革命”前后这段时期，中国的标准制定工作取得了一定进展，国家领导人和标准化主管部门已经认识到技术标准对保障产品质量安全的重要性，并尝试通过出台法规来对标准化工作进行全面的规范。这一时期内，中国的标准虽然仍存在苏联标准的影子，但由于20世纪60年代初苏联大规模地召回技术专家，中国的标准制定就开始以本国的产品质量水平和生产经验为依据，并逐步跨出苏联标准中国化的模式。由于在这一时期中国的工农业生产仍以国家计划为主，国有和集体所有是企业存在的基本形式，国家通过行政权力掌控和支配企业的人、财、物，市场缺失和价格机制不健全，导致企业必须完全依赖于政府，所有的生产经营活动都要在政府无微不至的管理之下开展，因此，在这种体制下，标准就成为政府控制产品质量的最基本方式和最权威命令，标准的强制性在这一时期达到前所未有的程度，政府制定的所有标准，企业必须严格贯彻执行。

3）改革开放后。这一时期的标准化工作是迈向法制化和规范化轨道的重要时期。随着“文化大革命”的结束，全国全方位地拨乱反正，在标准化方面，相关领导也多次提出要努力做好标准化、通用化、系列化工作，要从发展现代化大生产的高度认清加强标准化工作的必要性和重要性，思想上的拨乱反正打开了标准化工作的新局面。1978 年 5 月，国务院批准成立国家标准总局，直属国务院，由国家经济委员会代管。此后，国家标准总局发出通知，要求各部门、各地方对现有技术标准进行大清查大整顿，对没有质量标准的要制订出来，对已经落后的和质量指标不全的要加以修订和补充。这次大清查大整顿是国家标准化主管部门规范标准化工作、提高标准质量水平的一次重要实践，对标准制修订工作走上规范化道路起到了积极作用。1979 年 7 月，国务院批准颁布了《中华人民共和国标准化管理条例》，明确了标准化工作的范围、制定和修订标准的原则，审批、发布标准的分工和贯彻标准的要求等，还规定了标准的法律性质："标准一经批准发布，就是技术法规。各级生产、建设、科研、设计管理部门和企业、事业单位，都必须严格贯彻执行，任何单位不得擅自更改或降低标准。对因违反标准造成不良后果以至重大事故者，要根据情节轻重，分别予以批评、处分、经济制裁，直至追究法律责任"。从此，我国标准化工作有章可循、有法可依，进入一个快速发展的新时期。标准的法制化和规范化带动了标准制修订工作的全面提速。1979 年—1984 年的 6 年间，全国制修订国家标准 5378 项，而 1958 年—1978 年的 21 年间，制修订国家标准仅 2170 项。1988 年，国务院决定撤销原国家标准局、国家计量局、国家经委质量局，合并成立国家技术监督局，负责全国标准化、计量、质量工作并进行执法监督工作。1989 年，《中华人民共和国标准化法》正式颁布实施，这是我国标准化工作的基本法，规定了标准化工作的主管部门，标准制定的主体、原则和程序等，它的颁布标志着中国标准化工作已经进入法制管理的新阶段。从《中华人民共和国标准化管理条例》到《中华人民共和国标准化法》，是党中央、国务院顺应改革开放发展形势，遵循标准化工作的科学规律，推动标准化工作法制化、规范化的过程。在这段时期内，民营经济快速崛起，成为国民经济的重要组成部分，国家放松了对经济体制的行政管制，计划逐渐被市场所替代，经济体制的转型也带动了标准制修订主体和标准性质的变化。标准不再是全部由国家行政部门制定，企业也可以成为标准制定的主体，推荐性标准仅供企事业单位参考执行，这些新的变化一方面最大限度地满足了改革开放后我国经济发展的需求，另一方面也是标准制修订工作法制化和规范化的必然选择。

4）加入世贸组织后。这一时期的标准化工作的重要特征是重视和强调国际化和市场化对标准制定工作的影响。1998 年，国家技术监督局更名为国家质量技术监督局，下设标准化司，其职能为“组织实施标准化法律、法规，组织国家标准（含标准样品）的制定、修订工作。协调和指导行业标准、地方标准的制定并管理其备案。组织重要标准的宣传贯彻，检查重要标准的实施情况”。2001 年 4 月，中共中央、国务院决定组建国家质量监督检验检疫总局，并同时决定成立国家标准化管理委员会（简称国标委）作为国家质量监督检验检疫总局管理的事业单位，国家标准化管理委员会的主要职责之一是“负责组织国家标准的制定、修订工作，负责国家标准的统一审查、批准、编号和发布”。从标准化司到副部级的标准化管理委员会，体现了国家对标准化工作的重视，这里面很重要的一个因素是为了应对加入世界贸易组织（WTO）后所带来的各种挑战和机遇。WTO/ TBT 协议规定 WTO 成员必须保证其制定的技术法规（强制性标准）、标准不给贸易造成不必要的障碍，在制定标准时有国际标准的要以国际标准为基础，标准的制定不但要征求国内有关方面的意见，还要征求 WTO 有关成员方的意见。因此，进入世界贸易组织意味着我国的标准（尤其是强制性标准）在性质、规格、法律效力上都提升到了一个新的层次，它不但反映了国内相关行业的质量技术水平，更代表了 WTO 成员国中该行业的总体状况，标准已不再仅仅为一国所用，它的国际化和市场化决定了标准制修订的体制机制也应随之发生适当的调整和完善。

5）2015 年以后。为了使我国标准体系和标准化管理体制更好地适应社会主义市场经济发展的需要，“十三五”期间，国家进行了标准化管理体制机制的深化改革。国务院于 2015 年 3 月印发了《深化标准化工作改革方案》，2018 年实施新的《标准化法》。这次《标准化法》修订的总体考虑是：深入总结标准化法实施近 30 年的经验，根据经济社会发展变化情况，全面落实国务院《深化标准化工作改革方案》精神和各项举措，为改革提供法律依据和制度保障，优化标准体系，完善标准化工作机制，加强标准化工作，发挥标准在提升质量、推动创新、促进发展等方面的作用。

修改的主要内容包括：

① 完善标准体系

一是扩大标准范围。修订后的标准化法，根据经济社会发展的需要，将制定标准的范围由现行法规定的工业产品、工程建设和环保领域扩大到农业、工业、服务业以及社会事业等领域；同时，对标准作了定义，包含了标准样品；并明确了标准的分类和各类标准的性质，即：标准包括国家标准、行业标准、地方标准和团体标准、企业标准。国家标准分为强制性标准、推荐性标准，行业标准、地方标准是推荐性标准。

二是整合强制性标准。将强制性国家标准、行业标准和地方标准整合为强制性国家标准，取消强制性行业标准、地方标准。

三是将地方标准制定权扩大到设区的市。规定设区的市级人民政府标准化行政主管部门根据本行政区域的特殊需要，经所在地省级人民政府标准化行政主管部门批准，可以制定本行政区域的地方标准。

四是培育发展团体标准。规定国家鼓励学会、协会、商会、联合会、产业技术联盟等社会团体协调相关市场主体共同制定满足市场和创新需要的团体标准，由本团体成员约定采用或者按照本团体的规定供社会自愿采用。

五是明确企业标准的自愿性。规定企业可以根据需要自行制定企业标准，或者与其他企业联合制定企业标准。（现行法规定，企业生产的产品没有国家标准和行业标准的，应当制定企业标准，作为组织生产的依据。）

② 切实解决标准缺失、老化、重复、交叉等问题

一是厘清政府标准之间的关系。将制定强制性国家标准的范围限定为保障人身健康和生命财产安全、国家安全、生态环境安全以及满足社会经济管理基本需要的技术要求。规定推荐性国家标准是为满足基础通用、与强制性国家标准配套、对各有关行业起引领作用等需要制定的国家标准。对没有推荐性国家标准、需要在全国某个行业范围内统一的技术要求，可以制定行业标准；为满足地方自然条件、风俗习惯等特殊技术要求，可以制定地方标准。

二是明确标准制定的职责分工。对于强制性国家标准，规定国务院有

关行政主管部门依据职责负责强制性国家标准的项目提出、组织起草、征求意见和技术审查；国务院标准化行政主管部门负责强制性国家标准的立项、编号和对外通报。为统筹管理强制性国家标准，增强其权威性，规定强制性国家标准由国务院批准发布或者授权批准发布。

对于推荐性标准，明确国务院标准化行政主管部门、国务院有关行政主管部门、地方人民政府标准化行政主管部门分别制定推荐性国家标准、行业标准、地方标准。

三是为保证保障安全及经济社会发展所急需的标准项目及时立项，避免缺失，修订后的标准化法作了以下规定：

a. 对保障人身健康和生命财产安全、国家安全、生态环境安全，以及经济社会发展所急需的标准项目，制定标准的行政主管部门应当优先立项并及时完成。

b. 国务院标准化行政主管部门应当对拟制定的强制性国家标准是否符合本法规定进行立项审查，对符合规定的予以立项。

c. 省级人民政府标准化行政主管部门可以向国务院标准化行政主管部门提出强制性国家标准的立项建议，由国务院标准化行政主管部门会同国务院有关行政主管部门决定。

d. 社会团体、企业事业组织以及公民可以向国务院标准化行政主管部门提出强制性国家标准的立项建议，国务院标准化行政主管部门认为需要立项的，会同国务院有关行政主管部门决定。

四是建立健全标准实施情况统计分析报告、信息反馈、评估及标准复审制度，明确标准复审周期，要求标准制定部门对不适应经济社会发展需要和技术进步的标准及时修订或者废止。同时，要求国务院标准化行政主管部门根据标准实施信息反馈、评估、复审情况，对有关标准之间重复交叉或者不衔接配套的，应当会同国务院有关行政主管部门作出处理或者通过国务院标准化协调机制处理。

③ 明确标准制定要求，提高标准质量

一是，在总则中专门对提高标准质量提出要求，规定制定标准应当在科学技术研究成果和社会实践经验的基础上，深入调查论证，广泛征求意见，保证标准的科学性、规范性、时效性，提高标准质量。

二是，对制定标准的程序提出明确要求，规定制定强制性标准、推荐性标准应当在立项时对有关行政主管部门、企业、社会团体、消费者和教育、科研机构等方面的实际需求进行调查，对制定标准的必要性、可行性进行论证评估；在制定过程中，应当按照便捷有效的原则采取多种方式征求意见，组织对标准相关事项进行调查分析、实验、论证。

三是，充分发挥标准化技术委员会和专家组的作用，规定制定推荐性标准，应当组织由相关方组成的标准化技术委员会，承担标准的起草、技术审查工作。制定强制性标准，可以委托相关标准化技术委员会承担标准的起草、技术审查工作。未组成标准化技术委员会的，应当成立专家组承担相关标准的起草、技术审查工作。标准化技术委员会和专家组的组成应当具有广泛代表性。

四是，明确标准应当符合的要求，规定制定标准应当有利于科学合理利用资源，推广科学技术成果，增强产品的安全性、通用性、可替换性，提高经济效益、社会效益、生态效益，做到技术上先进、经济上合理。禁止利用标准实施妨碍商品自由流通等排除、限制市场竞争的行为。

五是，明确标准的编号规则，规定标准应当按照编号规则进行编号。标准的编号规则由国务院标准化行政主管部门制定并公布。

④ 发挥标准在推动创新方面的作用

一是规定国家支持在重要行业、战略性新兴产业、关键共性技术等领域利用自主创新技术制定团体标准、企业标准。

二是规定国家推进标准化军民融合和资源共享，提升军民标准通用化水平，积极推动在国防和军队建设中采用先进适用的民用标准，并将先进适用的军用标准转化为民用标准。

⑤ 完善标准化工作机制

一是，保证标准化工作经费，规定县级以上人民政府应当将标准化工作经费纳入本级预算。

二是，明确市、县人民政府标准化行政主管部门统一管理本行政区域内的标准化工作。

三是，建立标准化协调机制，规定国务院建立标准化协调机制，设区的市级以上地方人民政府可以根据工作需要建立标准化协调机制，并对其职责做了规定。

四是，积极参与国际标准化活动，规定国家积极推动参与国际标准化活动，开展标准化对外合作与交流，参与制定国际标准，结合国情采用国际标准，推进中国标准与国外标准间的转化运用。

五是，支持社会参与标准化活动，规定国家鼓励企业、社会团体和教育、科研机构等开展或者参与标准化工作，并鼓励上述主体参与国际标准化活动。此外，还对社会团体、企业事业组织以及公民提出强制性国家标准的立项建议，制定强制性标准、推荐性标准应当向社会公众进行需求调查、征求社会公众意见等做了规定。

六是，加强标准化试点示范和宣传等工作，规定县级以上人民政府应当支持开展标准化试点示范和宣传工作，传播标准化理念，推广标准化经验，推动全社会运用标准化方式组织生产、经营、管理和服务，发挥标准对促进转型升级、引领创新驱动的支撑作用。

⑥ 完善标准化工作监督制度

一是，规定强制性标准文本应当免费向社会公开。国家推动免费向社会公开推荐性标准文本。

二是，建立团体标准、企业标准自我声明公开和监督制度，取代现行企业产品标准备案要求（企业的产品标准须报当地政府标准化行政主管部门和有关行政主管部门备案），规定国家实行团体标准、企业标准自我声明公开和监督制度。企业应当公开其执行的强制性标准、推荐性标准、团体标准或者企业标准的编号和名称；企业执行自行制定的企业标准的，还应当公开产品、服务的功能指标和产品的性能指标。国家鼓励团体标准、企业标准通过标准信息公共服务平台向社会公开。

三是，规定了国务院标准化行政主管部门对国务院有关行政主管部门、设区的市级以上地方人民政府标准化行政主管部门，以及标准化行政主管部门对社会团体、企业制定标准不符合本法有关规定的监督职责，包括责令限期改正、撤销相关标准编号、公告废止相关标准等。

四是，对国务院标准化行政主管部门未依照本法规定履行职责的行为，包括未依照本法规定对有关标准进行立项、编号、复审、备案，或者制定的标准不符合本法有关规定的行为，规定了相应的责任。

通过这轮改革力争实现改革的总体目标：建立政府主导制定的标准与市场自主制定的标准协同发展、协调配套的新型标准体系，健全统一协调、运行高效、政府与市场共治的标准化管理体制，形成政府引导、市场驱动、社会参与、协同推进的标准化工作格局，有效支撑统一市场体系建设，让标准成为对质量的“硬约束”，推动中国经济迈向中高端水平。

9.2 我国标准化管理体制

9.2.1 概述

我国标准实行统一管理与分工负责相结合的二级政府管理体制。我国现行的标准化管理工作，是按行政系统、行政区域和行政层次来进行的。在实行统一领导的前提下，按国家、部门、地方和社会团体、企业分工管理标准化工作：

1）国家标准化管理委员会主管全国标准化工作。

2）国务院行政主管部门负责本部门、本行业的标准化工作。

3）地方各级政府主管标准化工作的职能部门主管地方标准化工作。

4）社会团体和企业标准化工作由社会团体和企业自主管理。企业的产品标准需要到相关行政主管部门备案。

9.2.2 国家标准化管理

《标准化法》第五条规定，“国务院标准化行政主管部门统一管理全国标准化工作”，国务院标准化主管部门现阶段是中国国家标准化管理委员会。国标委由中华人民共和国市场监管总局领导和管理，由国务院授权统一管理全国的标准化工作。国家标准化管理委员会的主要职责是：

1）参与起草、修订国家标准化法律、法规的工作；拟定和贯彻执行国家标准化工作的方针、政策；拟定全国标准化管理规章，制定相关制度；组织实施标准化法律、法规和规章、制度。

2）负责制定国家标准化事业发展规划；负责组织、协调和编制国家标准（含国家标准样品）的制定、修订计划。

3）负责组织国家标准的制定、修订工作，负责国家标准的统一审查、批准、编号和发布。

4）统一管理制定、修订国家标准的经费和标准研究、标准化专项经费。

5）管理和指导标准化科技工作及有关的宣传、教育、培训工作。

6）负责协调和管理全国标准化技术委员会的有关工作。

7）协调和指导行业、地方标准化工作；负责行业标准和地方标准的备案工作。

8）代表国家参加国际标准化组织（ISO）、国际电工委员会（IEC）和其他国际或区域性标准化组织，负责组织 ISO、IEC 中国国家委员会的工作；负责管理国内各部门、各地区参与国际或区域性标准化组织活动的工作；负责签订并执行标准化国际合作协议，审批和组织实施标准化国际合作与交流项目；负责参与与标准化业务相关的国际活动的审核工作。

9）管理全国组织机构代码和商品条码工作。

10）负责国家标准的宣传、贯彻和推广工作；监督国家标准的贯彻执行情况。

11）管理全国标准化信息工作。

12）在市场监管总局统一安排和协调下，做好世界贸易组织技术性贸易壁垒协议（WTO/TBT 协议）执行中有关标准的通报和咨询工作。

13）承担市场监管总局交办的其他工作。

国家标准大多数由国标委编制计划、组织草拟、统一审批、编号和发布，即国标委直接领导直属的全国专业标准化技术委员会，并委托国务院有关行政主管部门领导非直属的全国专业标准化技术委员会（例如，全国核仪器仪表标准化技术委员会）对国家标准的立项、审批和发布等予以管理。

此外，卫生、农业、环境保护和工程建设等国务院行政主管部门也可通过专业标准化技术委员会单独或参与国家标准的管理（包括制定、审批和发布）：

① 药品、兽药国家标准分别由国务院卫生主管部门、农业主管部门审批、编号和发布；

② 食品卫生、环境保护国家标准分别由国务院卫生主管部门、环境保护主管部门审批，由国务院标准化行政主管部门编号、发布；

③ 工程建设国家标准由国务院工程建设主管部门审批，由国务院标准化行政主管部门统一编号（GB 或 GB/T 50000 以上），并与工程建设主管部门联合发布。

9.2.3 行业标准化管理

我国行业标准主要由国务院有关行政主管部门负责。按它们的标准化管理职能可分为两类：

① 国家卫生健康委员会、农业农村部、生态环境部，它们既管理本专业领域的国家标准，又管理其行业标准的标准化业务；

② 工业和信息化部、国家能源局等，它们主要管理本专业领域的行业标准，但部分机构又受国标委的委托，参与国家标准的标准化业务。

根据《标准化法实施条例》，国务院有关行政主管部门对标准化管理的主要职责是：

① 组织贯彻或贯彻国家有关标准化的法律、法规、方针、政策；

② 组织制定或制定各级标准化工作的规划和计划；

③ 组织制定或制定国家标准、行业标准和地方标准；

④ 指导下级标准化主管部门的标准化工作，协调和处理有关标准化工作的问题，承担上级标准化主管部门下达的标准化任务；

⑤ 组织实施或实施各级标准；

⑥ 对标准实施进行监督、检查；

⑦ 统一管理或分工管理全国或本行业、本部门（本地区）产品的质量认证工作；

⑧ 统一负责与有关国际标准化组织的业务联系。

《标准化法》第十二条规定“行业标准由国务院有关行政主管部门制定，报国务院标准化行政主管部门备案”。国务院有关行政主管部门通过领导非直属的全国专业标准化技术委员会和领导本部门、本行业的下属机构（例如集团公司、联合会/行业协会）以及行业标准化技术委员会，负责管理本行业领域行业标准的标准化业务（包括立项、审批和发布，并向国标委备案）。另外，国务院有关行政主管部门还是国标委与本部门、本行业下属机构之间的纽带和桥梁。

9.3　我国标准化组织机构

与标准化管理体制相对应，我国国家标准和行业标准实行以政府运作为主体，由授权的标准化指导机构、标准化技术支撑机构和标准化服务对象等实际运作的运行机制。除二级政府部门外，参与标准化运行的主要机构如下：

一是授权的标准化指导机构，包括集团公司、联合会和行业协会；

二是标准化技术支撑机构，包括标准化研究机构、全国专业标准化技术委员会、行业标准化技术委员会、协会或学会；

三是标准化服务对象，包括监管机构、检测机构、企事业单位、公司和社会团体。

1）授权的标准化指导机构

授权的标准化指导机构包括集团公司、联合会、行业协会，它们大多数原来是国务院的部委，20 世纪 90 年代末国家改革后失去政府职能，不再有行业标准的批准、发布权。这些机构位于国务院有关行政主管部门与标准化技术支撑机构（标准研究机构、标准化技术委员会、协会或学会）之间，在标准化管理体制中承上启下，协助政府部门指导技术机构和基层单位开展标准化工作。

2）标准化研究机构

我国的标准化研究机构由国务院行政主管部门指定建立并负责管理，分为具有法人地位的专业标准化研究所（院），以及以大型综合研究设计院为技术支撑的标准化技术归口管理单位，它们从事本专业领域标准化的开发研究和技术归口管理工作，也就是在上级标准化主管部门的领导和指导下，具体组织和承担：

① 标准化研究项目，标准体系表的编制；

② 标准制修订的规划、计划和立项的建议；

③ 标准的编写、审查和报批；

④ 标准批准发布后的条文解释、宣贯和培训；

⑤ 标准的复审和清理整顿；

⑥ 对口国际标准化组织（ISO/IEC）相应技术委员会的技术工作。

3）标准化技术委员会

标准化技术委员会是依据《标准化法》第十六条“制定推荐性标准，应当组织由相关方组成的标准化技术委员会，承担标准的起草、技术审查工作。制定强制性标准，可以委托相关标准化技术委员会承担标准的起草、技术审查工作。未组成标准化技术委员会的，应当成立专家组承担相关标准的起草、技术审查工作。标准化技术委员会和专家组的组成应当具有广泛代表性”的规定，标准化技术委员会 TC 是上级主管部门根据工作需要，在一定专业领域内建立的、从事标准化业务的技术咨询机构。TC 的工作方式遵循公开、透明、社会化和协商一致的原则。TC 由本专业领域内监管机构、行业协会、学会、研究所、设计院、制造商、用户和检验机构以及高等院校等的技术专家和管理专家组成，委员由国标委聘任，实施任期制。技术委员会的任务是协助主管部门和归口单位开展标准制修订等一系列标准化活动，特别是：

① 提出本专业领域标准化工作方针、政策和技术措施的建议，提出标准化规划和年度计划的建议，从事立项把关和组织实施年度计划的标准项目；

② 组织和承担标准体系表的编制；

③ 协助组织国家标准和行业标准的制修订、复审，对标准征求意见稿提出意见，对送审稿进行审查，提出强制性标准或推荐性标准的建议；

④ 负责标准的解释和宣讲，提出标准化成果奖励的建议；

⑤ 参加国际标准化组织 ISO 和国际电工委员会 IEC 的标准化活动，包括对国际文件的审查、表态、提交我国提案等；

⑥ 组织和承担标准化研究项目和学术交流等活动。

标准化技术委员会需要设置秘书处，负责委员会的日常运作和具体工作的开展。目前，标准化技术委员会秘书处的设置分以下几种情况：

① 涉及国家利益和人民健康的技术委员会秘书处设置在政府部门，由政府直接领导和管理；

② 基础类标准化技术委员会秘书处多设置在国家或部门的基础性研究院、中国科学院和高等院校等科研单位以及冠以“中国”的协会/学会，多为基础性或公益性技术领域，其科研设施齐全、人才云集，有完善的技术和丰富的信息资源；

③ 应用类标准化技术委员会秘书处多设置在应用技术研究院所，它们的特点是介于基础类与产品类之间；

④ 产品类标准化技术委员会秘书处多设置在国务院行政主管部门直属研究院所或大型企业的研究所，其工作重点围绕市场需求，工作领域是产品及其标准，它们既有产品开发能力，又有行业基础，与企业密切结合，能充分发挥其优势；

⑤ 凡是已建立专业标准化研究所的集团公司、联合会或行业协会，无论对应的技术委员会属于何种性质，其秘书处多设置在专业标准化研究所，以便于技术委员会与标准化研究机构的沟通、协调和交流，共同开展工作标准化工作；

⑥ 还有少数技术委员会秘书处设置在相应的检测机构，将标准化工作与产品的检测紧密结合在一起，有利于标准的制修订、贯彻实施和信息反馈；

⑦ 企业，即秘书处设置在标准化技术委员会专业产品所对应的大型生

产企业。

国标委共组建各类全国专业标准化技术委员会约500余个。这些技术委员会由国标委直接管理或委托国务院有关行政主管部门管理。除全国专业标准标准化技术委员会外，部分行业还成立了行业标准化技术委员会，以填补全国专业标准标准化技术委员会的空白领域，进一步细化专业领域的标准化工作。例如，国家能源局在2010年组建了核电行业标准化技术委员会。

4）协会或学会

协会或学会是指集团公司、联合会或行业协会下设的协会或学会，依据我国的国情，这些协会也参与标准化活动，对我国的标准化有较大贡献。例如中国同位素与辐射行业协会的辐射加工分会，几年来协同全国核能标准化技术委员会放射性同位素分技术委员会（SAC/TC58/SC4）完成了GB 17568—2008《γ辐照装置设计建造和使用规范》等标准的制修订、宣贯和实施以及辐照人员培训等工作。

5）标准化服务对象

标准化服务对象是监管机构、检验机构、企事业单位、公司和社会团体，包括研究所、设计院、制造商、供应商、用户和高等院校等。这些单位：

① 或承担国家安全，人身、财产安全和环境保护的监管工作；

② 或是社会财富的直接创造者和市场经济的主体；

③ 或承担产品、过程和服务的检验工作。

这些单位多数是标准化管理体制的末端，也是标准化运行机制的基础。它们既是标准制修订等活动的基本力量，又是标准贯彻、实施的客体以及标准经济效益和社会效益的主要体现者。

9.4 标准化工作通用程序

9.4.1 概述

我国现在实行的是政府主导制定的标准与市场自主制定的标准协同发

展的标准化工作运行模式。

国家标准、行业标准和地方标准由政府主导，从标准的规划、计划、项目批准、资金投入、进度控制到标准的批准、编号、发布和实施，均是政府主导的行政行为。标准化研究机构则在政府部门的领导和指导下，在标准化活动中担当承上启下、协调和技术归口管理工作；标准化技术委员会主要是对标准化活动提出建议、进行技术把关；企事业单位、公司和社会团体则是标准化活动的主要执行者和客体。

国家标准、行业标准和地方标准的制定工作程序基本相同。标准化是标准的制定、宣贯、实施、修订（包括修改单），以及复审和（或）清理整顿的整个过程，也是一个循环往复、螺旋上升的过程，这就是标准化循环或标准的生命周期，而标准体系的研发和标准规划、计划的编制是标准生命周期的起始点，标准废止则是标准生命周期的终止点。其中，标准的制定则从标准预研、立项论证和申报项目计划开始，在标准项目获得国标委或国务院有关行政主管部门等上级标准化主管部门批准并下达项目计划后，开始起草、编写标准，历经初稿、征求意见稿、送审稿和报批稿，直到标准报批、批准和发布的全过程。

标准生命周期中所涉部门及其人员及其职责包括：

① 上级标准化主管部门（批准立项，最后批准、编号并发布标准）；

② 标准化技术委员会（标准体系表的建设，标准化规划和计划的编制，标准立项和送审稿的审查）；

③ 标准化技术归口管理单位（标准体系表的建设，标准化规划和计划的编制，各种有关标准制修订文件的控制、管理和上报、下达）；

④ 标准起草单位、起草小组和起草人（标准预研、立项论证和标准编写）。

团体标准的制定工作程序与上述国家标准、行业标准和地方标准的制定程序基本相同，只是相应的政府标准化主管部门的职责由社会团体组织所代替，即批准立项，最后批准、编号并发布标准。

9.4.2 标准体系表的建立

标准体系是一定范围内的标准按其内在联系形成的科学的有机整体；标准体系表则是“一定范围的标准体系内的标准按一定形式排列起来的图表”，标准体系表通常由体系框架和标准目录组成，以反映标准在其框架内的层次结构和相互关系。

标准体系（表）的建立是标准化活动循环的起始点。为实现某个领域或范围内的标准化，必须首先研究和建立其标准体系（表），以便明确在这个标准体系范围内现在可直接使用或引用哪些标准（国家标准和行业标准等，必要时，包括国际标准和国外先进标准），还需要制定哪些标准（包括将国际标准和国外先进标准转化为我国标准）。

标准体系表由标准化研究机构/归口单位和（或）标准化技术委员会组织本专业领域的专家和技术委员会委员进行研发、建立和维护。

9.4.3 立项论证

标准项目在正式立项前，需要对其正确性、必要性和可行性等内容进行论证和确认，标准立项论证由标准化研究机构/归口单位和（或）标准化技术委员会组织本专业领域的企事业单位、公司和社会团体，依据本专业领域的标准化需求，从标准体系表中的标准目录挑选项目按规定的程序进行论证，并经标准化技术委员会审核通过后，上报上级标准化主管部门。另外，由于科学技术发展的需求和标准体系表的相对滞后，有些项目虽未列入体系表，亦可进行立项论证。

9.4.4 标准的起草和编写

上级标准化主管部门批准立项并下达标准制修订计划后，标准化研究机构/归口单位将与起草单位签订合同，并正式启动标准的起草和编写。起草单位应依据立项论证选定标准起草人，视需要可成立起草小组。起草小组或起草人的能力、责任心和对标准的认知度是保证标准质量的关键因素。

9.4.5 标准的审查和上报

标准审查包括标准初稿在起草单位或起草小组内部的审查，征求意见稿的广泛征求意见，送审稿的标准化技术委员会审查。技术委员会的重要地位和作用主要体现在标准送审稿的审查，委员和专家的理论知识和实践经验将积淀和浓缩在标准文本中，并弥补起草小组或起草人编写标准的缺陷和不足，是保证标准质量的重要因素。

标准送审稿审查后，送审稿的修改和报批稿的整理及报批文件的形成，关键仍在于起草小组或起草人。报批稿及其报批文件的上报则是起草单位和技术归口管理单位的职责。

9.4.6 标准的宣贯和实施

制定标准仅仅是标准化工作的第一环节，而标准实施才是标准化产生效益的关键，而实施的先决条件是对标准的宣贯，包括组织宣贯会、聘请宣讲人和编写宣贯材料、对标准进行解释和说明，使与标准实施有关的单位和人员了解标准的背景、熟悉标准的内容、掌握标准的要点，以便有效实施标准。在标准宣贯活动中，标准化技术委员会或标准化研究机构/技术归口管理单位是组织者和责任者，是标准宣贯的关键因素。

标准实施本应依靠市场经济的竞争机制来推动，但目前我国还处在社会主义市场经济的初级阶段，标准化运行模式主要还是政府主导的，所以标准实施还必须依靠政府部门来推动，上级标准化主管部门则是标准实施的推行者和监督者。

9.4.7 标准复审和清理整顿

《标准化法》第二十九条规定："国家建立强制性标准实施情况统计分析报告制度。国务院标准化行政主管部门和国务院有关行政主管部门、设区的市级以上地方人民政府标准化行政主管部门应当建立标准实施信息反馈和评估机制，根据反馈和评估情况对其制定的标准进行复审。标准的复审周期一般不超过五年。经过复审，对不适应经济社会发展需要和技术进步的应当及时修订或者废止。”

标准应定期进行复审（通常5年）或清理整顿，其方针、政策和时间由上级标准化主管部门规定和提出，具体由标准化研究机构/技术归口管理单位和（或）标准化技术委员会组织委员和专家，按指定的政策和程序具体实施。在复审或清理整顿标准时，应在收集实施信息和总结实施经验的基础上，根据标准的水平是否满足当前科研、生产的需求，以及被采用蓝本和相关标准的版本更新情况，分别得出“继续有效”“修改”“修订”或“废止”的结论并上报，最后由国家标准化管理委员会或上级标准化主管部门予以确认和公布，并宣告标准复审或清理整顿完成。

标准复审或清理整顿后，对修改或修订的标准，应按上级标准化主管部门的要求：

① 编制修改单上报，审批后宣贯、实施；

② 进入标准修订程序重新编制标准。

9.5 核电标准的管理体制和运行模式

应该来说，我国核电标准的管理体制和运行模式与本章所述的管理体制和运行模式完全一致。我国核电标准主要包括与核电相关的国家标准和行业标准，两者在组织结构、标准化工作程序等方面具体情形如下。

1）核电国家标准

正如前文所述，中国国家标准化管理委员会是国务院授权的、履行行政管理职能、统一管理全国标准化工作的主管机构，核电相关国家标准也由国家标准化管理委员会管理。同时，生态环境部、国防科工局等部门也在国标委的授权下制定环境保护、辐射防护和核应急等专业的、与核电直接相关的国家标准。

为了具体开展核电国家标准的标准化工作，国家标准化管理委员会批准组建了“全国核能标准化技术委员会”和“全国核仪器仪表标准化技术委员会”这两个全国性的标准化技术委员会，对整个核工业系统的标准化实施归口管理。全国核能标准化技术委员会（SAC/TC58）正式成立于1985年7月，对应国际标准化组织核能技术委员会（ISO/TC85），负责归口管理我国核能利用方面的标准化工作，包括辐射防护、反应堆、放射性同位素和核燃料分技术委员会。全国核仪器仪表标准化技术委员会（SAC/TC30）正式成立于1983年，对应国际电工委员会核仪器技术委员会（IEC/TC45），其前身是IEC/TC45中国委员会，负责归口管理我国核仪器的标准化工作，下设3个分技术委员会。

核电国家标准的管理规定和标准制修订程序等完全按照上节所述的国家标准相关规定和要求执行。

2）核电行业标准

与核电直接相关的行业标准主要是能源行业核电标准。国家能源局统筹管理石油、天然气、电力（含核电）、炼油、煤制燃料和燃料乙醇、新能源和可再生能源、能源行业节能与资源综合利用、能源装备等能源领域的标准化工作，核电标准是其中的一部分。能源行业标准代号为NB，其中核电标准的编号在20000至29999之间。此外与核电行业标准密切相关的还有环境保护部、国防科工局等政府部门制定的HJ、EJ等标准。

国家能源局2010年批准成立了能源行业核电标准化技术委员会，分设工程经济、前期工作、辐射防护与核应急、工程总体设计与核安全、核燃料组件、核岛仪控电系统和设备、核岛机械系统和设备、建安、调试、运行10个专业组。能源行业核电标准化技术委员会秘书处设在核工业标准化研究所。

目前，能源行业核电标准的管理模式已由以往的计划模式向市场需求引导模式过渡，按照政府指导和管理、市场需求牵引、企事业作为标准编制主体的基本思路开展标准化工作，在制修订程序上符合国家有关规定且基本参照国家标准的程序要求，大致如下：

① 拟编制或修订核电标准的单位向标准化技术委员会提出制修订标准的申请并提交申报表和标准草案或标准大纲；

② 标准化技术委员会初审合格后报国家能源局；

③ 国家能源局审查合格后下达制修订任务；

④ 编制单位根据下达的任务着手开展工作，包括成立编制组，开展调研分析，形成标准初稿（工作组内部讨论稿）并提交标准化技术委员会；

⑤ 标准化技术委员会对主编单位提交的稿子审查合格后形成征求意见稿（标准、标准编制说明），向全国的相关单位广泛征求意见。若不合格，返回重新修改；

⑥ 征求意见结束后，编写单位对意见进行处理，不接受的意见做出解释并与提意见方的协商，达成一致，否则该意见作为分歧意见提交至审查会讨论。若有需要，主编单位应召开征求意见稿的专家研讨会议。修改后的材料（标准、标准编制说明、意见汇总处理表）提交标准化技术委员会；

⑦ 标准化技术委员会审查合格后形成送审稿（若不合格，返回前一阶段），并组织标准化委员会的委员和行业内专家进行审查；

⑧ 根据审查意见，得出标准是否通过的结论，若通过，则根据审查意见修改后形成报批稿；

⑨ 标准化技术委员会再次审查核对无误后，向主管部门申请报批；

⑩主管部门择期发布。标准在发布后，国家能源局和/或标准化技术委员会举办宣贯或者培训活动，以提升标准在行业的知悉范围和具体应用；

⑪当标准与现有技术水平不配套时，有关单位可可自行申报开展标准的修订工作，标准化技术委员会也会周期性地对标准进行复审和清理整顿，并予以适当地处理，包括修订升版、撤销、废止等。

3）核电标准体系

我国核电标准体系主要以《压水堆核电厂标准体系项目表》（简称“项目表”）的形式呈现。项目表是现有和预计制定核电标准的蓝图，是编制核电标准规划和开展核电标准制修订工作的重要依据。我国现有核电标准体系有几大特点：

① 标准化对象以压水堆为主，适当兼顾其他堆型；

② 专业覆盖比较全面，包括工程经济、环评和选址、材料、工程建

设、运行、退役等所有重要领域，是一个比较全面综合性的标准体系；

③ 标准紧跟国际、国内核电发展现状，是一个动态更新和开放的标准体系；

④ 根据核电工程建设和标准化管理的特点，核电标准体系分为通用和核岛、常规岛及辅助配套设施两个部分；

⑤ 标准体系分层设置，由高到低层层细化，最高层是全厂适用标准，其次是核电厂建设各大阶段适用标准，然后按专业、系统、设备等具体需求进行细化；

⑥ 体系中有国家标准（GB）和行业标准（NB 和 EJ）。

图 9-1 给出了现有核电标准体系的基本架构。

9.6 我国标准化运行模式问题分析

9.6.1 管理体制对运行模式的影响

从新中国成立初期至今，我国标准化管理体制一直在与时俱进，发展的趋势包括：国家日益加强对标准化的重视和有效管理，企事业单位代替政府成为标准的制定主体，推荐性标准越来越多地发挥作用（这也是正确发挥自愿性标准作用，将标准制定和应用主导权向企业过渡以及建立柔性的社会规则体系的一种体现），标准制定工作由立足国情到放眼全球。总的来说，我国的标准化历经数次改革，标准化工作在由计划为主向市场需求为主在转变，我国的标准化管理体制，已从政府主导的单一计划模式，发展为政府主导与市场自主制定标准协同发展的标准化工作运行模式。

中国标准化工作的演进与西方发达国家的不同，西方国家的技术标准首先是由社会团体制定并实施，是通过市场竞争机制而非国家强制力来实现的。随着社会性规制的增强，由行政机关逐渐通过在法律条文中明确援引、通过相互间的协议或者间接认可的形式，来采纳社会团体制定的健康、安全和产品标准。典型代表如本研究所述的美国的情况。而我国基于

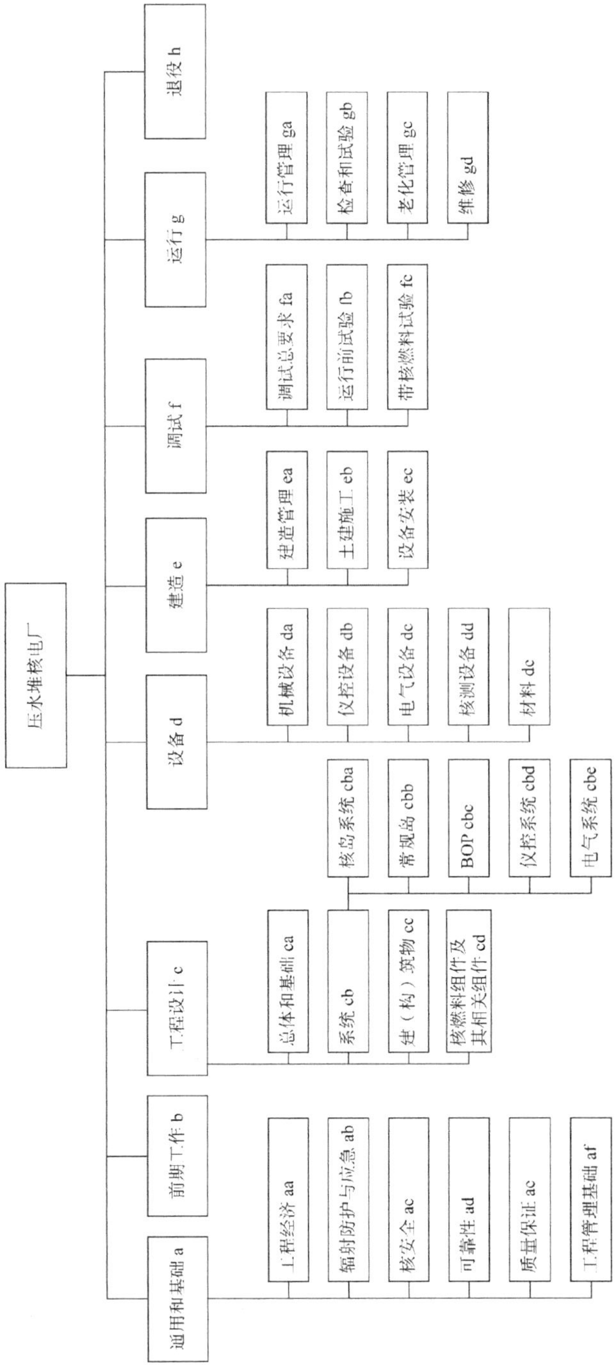

图 9-1　我国现有核电标准体系的基本结构

历史原因，几乎所有的标准首先都是由政府制定并推动。随着我国经济建设和社会发展进入全新的阶段，我国技术标准的管理体制已在深化改革。新一轮的改革目标是健全统一协调、运行高效、政府与市场共治的标准化管理体制，形成政府引导、市场驱动、社会参与、协同推进的标准化工作格局，有效支撑统一市场体系建设，让标准成为对质量的“硬约束”，推动中国经济迈向中高端水平”。改革已在渐近推进，在我国政府主导制定标准这一体制之下，如何克服我国政府主导制定标准管理体制的弊端和落实新一轮改革的要求和目标，需要在如何能充分和及时地满足市场需求、有效地组织和发挥各方的力量，调动企事业单位的积极性等方面建立高效的工作机制。

因此，就核电标准所面临的管理体制而言，总体上还是政府主管标准，但强调充分发挥市场的力量。核电标准的运作目前已部分实现了新一轮改革的要求，在总体上，与美国等发达国家的政府监管、授权机构负责、专业机构起草、全社会征求意见的标准化机制基本一致。但需要克服以下几个方面可能的不足，以便最大限度地满足政府、制造商和用户等有关各方的利益要求，从而提高标准制定的效率，保证标准制定的公正性和透明度：

1）政府主导模式下往往不易形成高效的标准供给效果。我国技术标准管理体制和运行模式还不是完全由市场主导标准化，标准主要是以行政行为的角色出现的，因而容易使标准成为政府对企业的要求，而不是市场自身发展的需求。主要弊端包括：

① 标准数量和标准种类（产品多样化）的供给不能完全满足市场需求；

② 标准的制定周期相对较长，无法及时形成供给，跟不上企业需求的步伐；

2）政府主导往往造成企业形成依赖，从而导致企业对标准化工作的认识和重视不到位。主要弊端包括：

① 对标准化工作缺乏积极性，认为标准是政府的事情，将自己置于被动接受和应用的位置；

② 不愿意在资金、人力上做过多的资源投入，认为只需他人成果为我所用即可，认识不到主导标准制定的意义和价值；

③ 企业对开展标准化工作的责任意识不够，对参与工作的员工的支持不到位，导致相关人员在工作积极性和责任心上严重欠缺，最终造成标准质量下降。

3）政府部门对“标准”的认识不完全到位，管理色彩重于服务色彩，标准与技术法规混淆不清。就核电行业而言，一些强制性标准的存在势必与核安全监管部门独立监管和审评形成冲突。反之，一些不适宜的核安全监管导则也影响自愿性标准的制定；

4）标准的协调机制不健全。一是我国发布标准的各政府部门互不隶属，缺乏沟通和协调机制，由于存在部门利益，容易造成各个标准间协调困难，导致有些标准间存在交叉、重复、冲突等。就核电领域而言，在标准的管理层面，存在环境保护部、国防科工局、住房与城乡建设部等多头管理情况，缺乏必要的协调机制。在标准的应用实施层面，我国的核电标准的应用协调机制也亟须加强，譬如美国通过上层的法律法规以及美国核管会的积极背书和应用从而将美国核电标准的应用推动起来。

5）标准化投入机制不健全。现行标准化体制的主要经费渠道是靠中央财政拨款和企业自掏腰包，“谁出钱谁受益”的原则没有较好的落实方式且也未得到较好的实施。因投入不足而带来的弊端体现在：

① 多数科研院所推向市场，不可能再对标准制修订工作有较多的投入，导致缺乏必要的基础科研；

② 由于经费问题，有关部门只能减少工作，减化流程，致使标准质量严重下降，不仅影响了标准的权威性，而且直接或间接地影响了企业应用标准的积极性；

③ 在企业内部，参与标准化工作的人员缺乏必要或相当的资源保障和收入保障，导致标准化工作被边缘化，标准编写质量也得不到保障。

6）标准化队伍不稳定，人才流失严重。计划经济体制下建立起来的标准技术机构的人员流失、队伍不稳定的局面十分严重。标准化技术委员会的专家团队同样因为上述原因导致队伍不稳定和责任心不强，造成标准质量下降。

9.6.2　标准运行模式存在的不足

我国标准的运行模式跟随我国标准管理体制的变革，也历经数次改变，我国目前的国家标准和绝大多数的行业标准的运行模式，大体参照ISO的做法，尤其是标准制修订工作程序。与国际通行做法相比，异同之处如下：

1）整体上，标准化工作程序基本相似，都有明确的标准立项、标准起草、征求意见、协商一致、应用和维护等基本的过程和要求；

2）在标准体系的建立上，我国在标准体系的研究和建立上更为突出。但建立的体系协商一致或研究的深度往往不够，导致体系的科学性和先进性有所欠缺。当然，国际上在标准体系建立方面，也存在多种做法，也是逐步优化的过程；

3）覆盖标准生命周期的完整工作程序不完善，表面上形成了完整的闭环，但重制定轻应用，这和我国现行的标准化管理体制密切相关，譬如按照标准化法及其实施条例，标准应用实施的监督管理部门、质量认证和认证机构都不是完全的市场行为。

4）在标准化工作程序的细节上不够完善。由于投入缺乏、参与人员责任心不够、管理水平落后等原因，使得我国标准化工作程序不合理、不规范。主要体现在几个方面：

① 缺乏有效的标准维护机制。但许多标准出版后，缺乏维护，不能及时修订、修改或废止，导致标准的技术指标低下，使得技术标准的技术内容既不能及时反映市场需求的变化，也难以体现科技发展和技术进步，最终使得标准老化现象严重；

② 标准制修订过程开放性程度不够。没有有效的机制保证受标准影响的各方表达意见的机会，也不能保证所有意见都被考虑，因此制定出的标准有可能不被市场和企业所接受；

③ 标准反映和申诉机制不完善。缺少标准使用过程中的意见和疑问的反馈及处理机制，标准贯彻执行情况和标准需要修改的信息不能及时反

馈。缺乏有效反映渠道和处理机制。对标准项目的不满，或对技术委员会对标准项目的处理不满，缺少申诉机制。

5）标准制修订所需的技术输入与国外相比存在严重的短板，缺乏必要的基础科研和试验验证以及相关的数据支持。

与国外发达国家相比，我国的标准总体水平低。对更好地推动标准化工作健康、快速、可持续发展而言，我国的标准化工作程序还存在不足。除了上述原因外，还存在以下原因：1）过去在制定国家和行业标准时，往往迁就国内技术工艺落后企业的状况，使制定出的标准水平不高。2）制定周期较长，跟不上市场变化和企业需求，特别是一些高新技术标准，出台时就已经落后。标准更新速度较慢，修订不及时，致使不少标准水平较之国际标准和国外先进标准水平明显偏低。我国标准制定过程中环节过多，许多阶段需要各级政府部门的审批，造成标准制定周期较长。

第十章　中国先进的核电标准体系运行模式方案

我国的标准化管理体制决定了我国的标准运行模式正在朝着政府引导、市场驱动、社会参与、协同推进的标准化工作格局迈进。核电标准化运行模式必须适应我国的标准化管理体制，在充分发挥市场作用的基础上，建立完善、高效的标准化运行模式。

在上述管理体制下，中国先进的核电标准运行模式宜采取政府管两头（立项和发布），市场驱动标准化建设，企事业成为标准化工作主体，标准化技术委员会（专家）为标准化工作技术把关，专业化机构提供技术支持的整体模式。

10.1　标技委组织结构

从技术角度而言，能源行业核电标准化技术委员会是标准化工作质量把关的关键的主体。我国的能源行业核电标准化技术委员会（以下简称标技委）是由来自行政管理、业主、核电设计、核电制造、核电运行和科研等单位的专家组成的，负责核电标准技术把关和技术咨询的标准化技术组织。本质上，与国际上的标准化技术委员会发挥的作用是一致的，它在标准制定过程中的作用主要体现在三个方面：①主导或参与标准的起草；②技术水平和质量的把关；③代表利益相关方行使权益并协商一致，包括项目是否立项和标准草案能否通过。

标技委由国务院核电主管部门、核安全监管部门、科研、生产、使用等单位的专家组成。标技委委员是由专业领域知识面宽、理论水平高、实践经验丰富、具有严谨科学态度、认真负责、热心标准化工作，能积极参加标技委各项活动，并具有高级技术职称的人员担任。标技委在主任委员的领导下开展工作，具体的事务性工作由标技委秘书处负责，在秘书长的领导下进行。标技委下设10个工作组：

1）前期工作专业组：负责核电项目核准之前所开展的相关工作的标准化对象，主要包括核电选址评价（安全可靠性、环境相容性、技术可行性等），项目申请与审批报告的格式和内容深度等技术管理的标准化内容，也包括厂址选择和环境评价的管理要求、安全目标要求以及非安全目标要求；

2）工程经济专业组：负责核电项目工程经济领域的标准化内容，主要包括核电建设工程费用估算、概算、预算标准编制，核电建设工程概算、预算定额及项目费用性质划分、清单计价规范等标准的编制，也包括核电项目的经济性评价的标准化；

3）总体设计与安全分析专业组：负责核电厂机组总体通用要求、裂变产物多重屏障保护、纵深防御要求、核岛系统设计、流体系统设计、安全分析等；

4）机械设备专业组：负责核电厂核岛机械设备和常规岛及BOP中有核电特殊要求的机械设备相关的标准化，包括设备和零部件设计制造、能动机械设备鉴定、焊接技术、无损检测、性能检测、表面处理、设施设备涂层防护，原材料采购等的标准化；不包括核电厂中无核电特殊要求的机械设备的标准化；

5）仪控电系统与设备专业组：负责核电厂仪表、控制、电气系统及设备的相关标准化对象，主要包括：反应堆控制系统、反应堆保护系统、核仪表系统（堆外核功率测量系统）、堆芯仪表系统、控制棒位置指示系统和控制系统、过程检测系统、过程控制系统、事故后测量系统、其他仪表系统（如松动件和振动监测、地震仪表系统等）、热工监测和控制系统、逻辑控制系统、报警处理系统、过程计算机和安全仪表盘系统、辐射监测系统、控制区出入监测系统、控制室、交流与直流供电系统、应急柴油发电机组系统、核岛的蓄电池测试回路设计、电缆和电缆支架、安全壳电气贯穿件、室外接地网络设计及正常照明系统、应急照明系统等方面；

6）辐射防护与核应急专业组：负责个人（公众和职业人员）与环境辐射防护技术、辐射源屏蔽技术、源项分析和源项控制、个人和场所辐射监测、放射性流出物监测、受照剂量估算、辐射防护分区设计、场内应急等；

7）核燃料组件与相关组件专业组：负责核燃料组件与相关组件标准化对象。主要包括核燃料组件设计、相关组件设计、加工制造、组件结构材料、功能材料、检验、燃料运输容器、包装、运输、装卸和贮存；

8）土建与安装专业组：负责施工管理、结构设计、混凝土及原材料、土建施工、设备安装、质量验收等方面的内容。其中结构设计与土建施工均为与核安全相关的结构设计和施工。非核安全相关的设计和施工可以采用国标和相关建筑行业标准；

9）调试专业组：负责调试管理和技术领域的标准化，主要包括调试大纲、报告等的编制，调试人员和组织管理等；调试技术领域标准化主要包括设备单体试验、系统/子系统预运行试验和功能试验、联合调试试验、专项试验和瞬态试验等；

10）运行专业组：负责核电厂安全运行管理、维修、设备老化与延寿技术管理等几个大的方面。

各专业组根据需要，下设工作组。工作组受专业组委托承担相应领域的标准规划、技术审查、体系维护和技术咨询等工作，对本专业领域标准的技术内容和质量把关。利于开展对外合作与交流，参考 ISO、IEC、IEEE、ASME、ANS、AFCEN 等组织的设置情况，并根据各专业领域的标准制修订、宣贯和标准研究任务等工作情况，在总体设计与安全分析等 6 个专业组下分设 22 个工作组。专业组及下设工作组的具体设置如图 10-1 所示。

22 个工作组的工作范围如下：

1）总体设计与安全分析专业组包括总体与系统设计、安全分析 2 个工作组，其工作范围分别为：

① 总体与系统设计工作组工作范围：核电厂设计总要求、质量保证

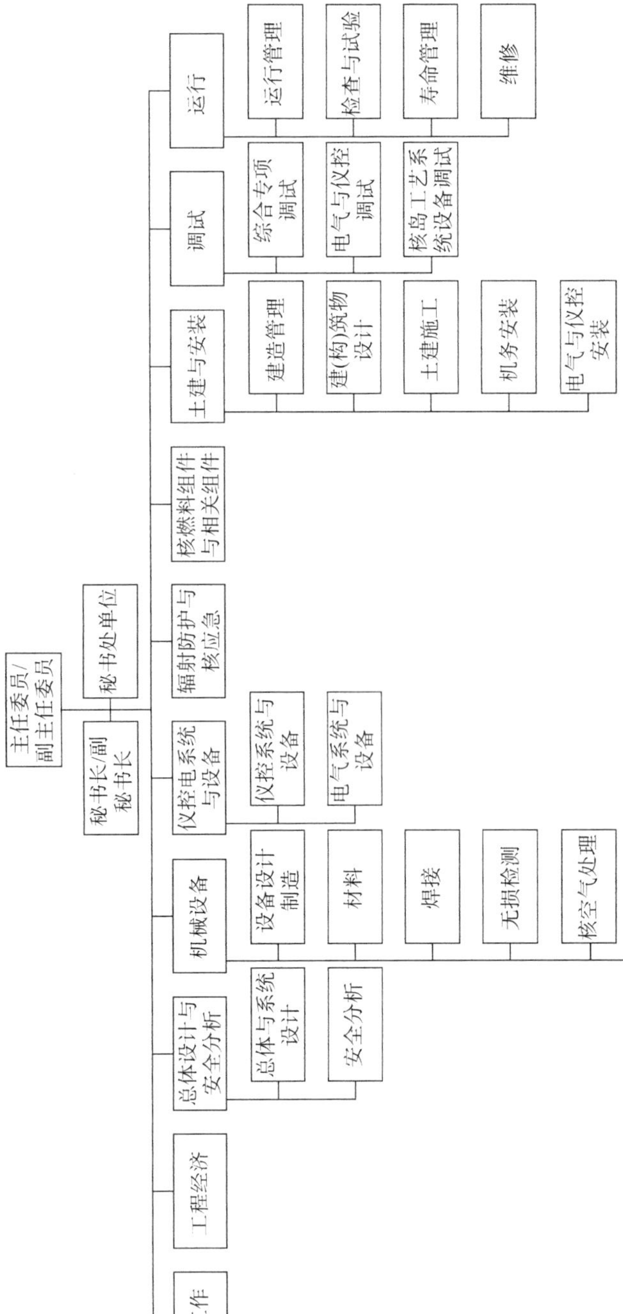

图 10-1 能源行业核电标准化技术委员会组织框架图

（含可靠性）、物项分级、抗自然灾害设计、防火设计、堆芯核设计、热工水利设计、反应堆冷却剂系统设计、专设安全设施设计、主要辅助系统设计、总图规划、运输设计、电厂和系统布置设计、核岛系统力学、常规岛和 BOP 中与安全相关物项设计、术语/符号/代码/编码规则等基础类标准；

② 安全分析工作组范围：核电厂工况分类、安全判据和评价、热工水力分析、瞬态分析、典型事故分析、设计扩展工况安全分析、概率安全评价（PSA）等。

2）机械设备专业组包括设备设计制造、材料、焊接、无损检测、核空气处理、设备鉴定 6 个工作组，其工作范围分别为：

① 设备设计制造组工作范围：包括核电厂安全级以及具有核电安全特殊要求的设备的设计制造，如容器、泵、阀、管道以及起重设备等；

② 材料组工作范围：包括核电厂核安全相关设备用结构材料的制造、检验与验收等；

③ 焊接组工作范围包括：焊接工艺评定、焊接材料的制造、检验和验收等；

④ 无损检测组工作范围包括：核电厂机械设备在工厂制造、现场建造、役前及运行阶段检查所用的各种无损检测方法、特殊设备或部件（如安全壳钢衬里焊缝无损检测）的无损检测、结构模块和机械模块焊缝无损检测等；

⑤ 核空气处理组工作范围：包括核电厂核空气和气体处理设备设计、制造、试验及过滤材料的性能制造与检验等；

⑥ 设备鉴定组工作范围包括：核电厂泵、阀、阻尼器等能动机械设备的鉴定。

3）仪控电系统与设备专业组包括仪控系统与设备、电气系统与设备 2 个工作组，其工作范围分别为：

① 仪控系统与设备工作组工作范围：传感器与测试技术，数字处理器，反应堆安全系统中电气设备的可靠性，控制室的设计与人因工程，仪控系统，数字化仪控系统的更新，软件与硬件，辐射监测系统和设备，仪控设备设计、仪控设备鉴定、仪控设备维修、仪控设备定期试验等；

② 电气系统与设备工作组工作范围：电气系统设计，供电系统设计，供气系统设计，电气设备设计、电气设备鉴定、电气设备维修、电气设备定期试验，火灾探测，实物保护，通信等。

4）土建与安装专业组包括建造管理、建（构）筑物设计、土建施工、机务安装、电气与仪控安装5个工作组，其工作范围分别为：

① 建造管理工作组工作范围：总承包管理、建安施工管理及管理技术等方面的标准化工作；

② 建（构）筑物设计工作组工作范围：荷载设计、厂房地基与基础设计、抗震设计、核安全相关的混凝土和钢结构设计（含钢筋混凝土结构、钢板混凝土结构和钢结构）、安全壳设计（混凝土安全壳和钢制安全壳）、预埋件和锚固设计等；

③ 土建施工工作组工作范围：混凝土及原材料、工程测量、基坑的施工及验收、核电厂建（构）筑物施工及验收等；

④ 机务安装工作组工作范围：核安全相关机械设备、管道、阀门、保温、防腐的施工及验收，大件吊装和运输、模块化施工技术等；

⑤ 电气与仪控安装工作组工作范围：核电厂安全重要电气、仪表和控制设备安装总要求、安全级永久性仪表的安装及验收、安全级监测仪表的安装及验收、仪表管线安装和电缆端接的安装及验收等。

5）调试专业组包括综合专项调试、电气与仪控调试、核岛工艺系统设备调试3个工作组，其工作范围分别为：

① 综合专项调试工作组的工作范围：核电厂联合调试试验、大型专项试验、瞬态试验等；

② 电气与仪控调试工作组的工作范围：电气、仪控和DCS系统相关设备试验、系统预运行试验、性能试验等；

③ 核岛工艺系统设备调试工作组的工作范围：核岛工艺系统相关设备调试、系统预运行试验、功能试验等。

6）运行专业组包括运行管理、寿命管理、检查与试验、维修共4个工作组，其工作范围分别为：

① 运行管理工作组的工作范围：操纵员培训和执照考核、安全运行管

理、事故管理、运行经验反馈、防人因失误等一系列管理类标准；

② 寿命管理工作组的工作范围：老化管理大纲、设备老化管理、定期安全审查、许可证更新、电厂延寿等；

③ 检查与试验工作组的工作范围：在役检查、设备可靠性、性能试验、定期试验等；

④ 维修工作组的工作范围：大修、预防性维修、日常维修等。

10.2　标准化工作程序

10.2.1　标准化工作流程

从各标准化组织的标准化工作来看，建立完善运行模式的关键在于依托市场需求的驱动，打通标准研究、制定、实施和维护的各个环节，建立高效的标准制修订的正当程序和经验反馈渠道，形成一个良好的闭式循环。综合 ISO、ASME、AFCEN 等标准化组织的情况而言，标准制修订阶段的流程和程序大致相当，都是在不同范围内公开、公平、协商一致的基础上，历经立项、编制、征求意见、审查（协商一致）等数个环节，而这样的程序也逐渐成为国际上标准制定的主流；在标准的应用和维护阶段，各个组织则结合自身特点，充分利用自身优势，形成有效的推广和反馈制度。

总体而言，中国先进核电标准体系的标准化工作流程可按图 10-2 设计。整个流程以中国先进核电标准体系研究为一个新的起点，将研究成果融入我国现行核电标准体系，并以此作为我国核电标准体系的框架和基础，同时并行以市场需求为基础，不断推陈出新。在中国先进核电标准体系研究研究成果和市场新需求的基础上，依据通用的正当程序制修订标准并协商一致。标准发布后积极加强宣贯、应用和经验反馈，再结合定期审查形式，为标准的制修订或编辑性修改提供有效输入。

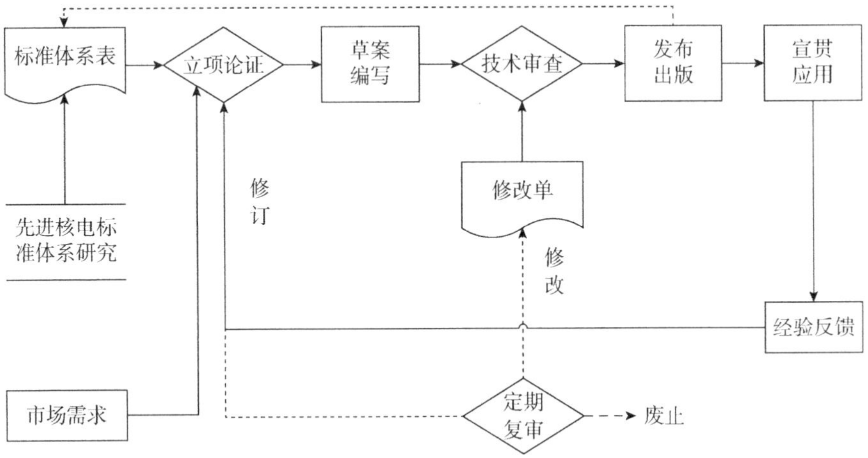

图 10-2　先进标准体系运转流程

10.2.2　标准体系维护

综合 ISO、IEC、ASME、AFCEN 等标准化组织的调研情况来看，建立标准体系的构建模式大体上有两种方式，即从局部到整体和从整体到局部。

1）从局部到整体——积累方式

就大多数情况而言，无论是国际标准还是各国标准，尤其是国外的市场主导模式下的社会团体标准，大多数都不是先有系统化的总体设计，而是根据每个时期的实际需要制定所需的标准，再根据新的需要增加新标准，渐渐形成一个围绕某一领域或专业的标准体系，并且根据市场需求而不断增减。这些逐渐形成的体系又在实践中接受检验，并根据客观的要求，不断地调整、修改、补充、完善。这个过程实际上是一个分散积累，渐成体系。这种方式的优点是，标准的针对性和适用性很强，非常灵活。这种方式的缺点是，若其标准化组织事先没有一定的预见性或协调机制，则容易出现整体不协调和统一的现象。

2）从整体到局部——规划方式

另一种方式是带有明显计划特征的从整体到局部的方式，即首先确立标准化目标，同时尽可能地将现有需求和一定时期内可预见的需求通过规划设计的方式来提出实现该目标所需要的全套标准，然后根据总体规划，制定出全部所需标准，形成一定规模、具备一定功能的标准体系。我国长久以来的标准建设基本采用这一模式，目前国际上一些组织也在采用这一方式，譬如 IEC 的系统标准化方法实质上就是这一模式的实践。实践证明，从整体到局部的体系建设也是一种行之有效的方式，在某些情况下比“局部到整体”的方式更为有效。这种方式的优点是能有计划地事先梳理要素之间的“有机联系”，尤其是标准体系的规模较小时，即系统的要素较少，由于协调和优化的难度不大，会收到较好效果。这种方式的缺点是对庞大复杂的体系的建设，标准体系的覆盖面越宽，体系的要素越多，要素间的关系越复杂，要素的更新越频繁，采用这种途径越困难。且受制于规划体系时的认知水平和技术水平，若遵循不恰当的构建原则或方法，后期往往带来颠覆性的冲击。

在实际的标准化工作中，一些标准化组织都以“从局部到整体”为主要方式来构建标准体系，尤其是国际和国外的标准化组织，如 ISO、BSI 和 ASME 等。也有一些标准化组织以“从整体到局部”为主要方式来构建标准体系，如我国的许多标准化组织、国际电工委员会 IEC 的“系统标准化”模式。但不论哪个标准化组织，这两种方式往往都是被结合开展的，这些结合可能体现在不同的层次（从标准体系的规模划分），也可以体现在标准化工作的组织模式或工作机制。从各类标准化组织的情况来看，具体表现方式主要有以下几类：1）从宏观角度，国民经济覆盖的活动被按照一定的活动范围划分为若干标准化专业领域，如国际标准化组织 ISO 制定的“国际标准分类法”，我国的 GB/T 4754-2011《国民经济行业分类》，美国等国家则按照经济领域或专业自行组建各类标准化组织，如美国机械工程师协会 ASME、美国电气工程师协会 IEEE、美国核学会 ANS 等；2）相关的标准化组织一般会将其负责的领域按照一定原则划分为若干的专业技术委员会，委员会还会细分成若干分专业技术委员会，有些分专业技术委员会甚至细分出若干工作组，由此从上至下构建一个基本的标准体系框架，如 ISO 的核能标准体系，按照这一方式，其标准体系框架如下图所示；

3）每个委员会或分委员会或工作组往往赋有一定的标准规划职责；4）一些标准化组织对于某一大类的标准化对象，往往以“规范”（code）的形式，将相关的要求有规划地集中在一个标准中，从而避免不断增加较小的标准，典型的例子包括 ASME 制定的 ASME BPVC 系列规范、法国核岛机械设备设计建造规则协会 AFCEN 的 RCC 系列规范。

综上而言，中国先进标准体系的运行模式除了一样需要保障利益相关方的共同参与与协商一致外，更多的是需要充分运用各方对标准体系的全面的和具有前瞻性的分析和判断，以利于建立合理且较为稳定的标准体系。中国先进核电标准体系在充分借鉴现有的核电标准建设的基础上，采取了从整体到局部的方式，基于核电厂实体及其全生命周期活动建立标准体系的优化模型。核电建设所涉及的专业和技术种类繁多，因而核电建设所开展的活动相互之间的关系复杂，因而可形成的网状关系复杂。为了充分实现核电标准的系统、协调和完整特性，中国先进核电标准体系将核电建设层层分解至基本的应用活动单元这一“活动颗粒度”，然后由这些“活动颗粒度”来组织构建“标准颗粒度”的技术路线。基于这一技术路线，结合标准体系建设所应遵循的“目标导向”“系统分析”和“整体协调”原理，将核电建设的参考模型简化为简单、清晰和准确的二维结构：

1）物理实体对象的层次结构维度：将核电厂这一物理实体，层层分解为核电厂总体、建（构）筑物、系统、设备及零部件。

2）核电建设全过程维度（生命周期各阶段）：各层次、各类别的物理实体都视作产品，按照产品标准设置要求，实现产品全生命周期的完整覆盖。每一产品均包括物质性要素标准和非物质性标准。为统一表述各类物理实体的生命周期，按照核电建设的主要阶段来分解。

物理实体划分后的生命周期的各个阶段划分各有不同，为统一表述生命周期各个阶段，可基于各实体生命周期各阶段的特性，组合划分为核电设计、核电制造、核电建造和核电运行四个阶段。这个模型所具有的主要特点如下：

① 两个维度相对独立，但两者的有机组合则清晰地分析出了核电建设基本活动的需求，对需求的分析纵向到底、横向到边。体现了体系的完

整性；

② 横向维度上，按照核电建设活动划分为设计、制造、建造和运行四类，再按照专业或领域划分为若干小类，较好地体现标准之间的功能分配，并较好地对接业内各单位及单位内部的内部分工；

③ 纵向维度上，核电厂实体对象层层分解为总体、构筑物/系统和设备，对核电建设的应用活动及要求也得到了逐级的传递和分解。体现了体系的系统性和协调性；

④ 基于上述的分层划类，体系在局部或整体上，将呈现金字塔形状的层次和结构图形，如同法规金字塔，从上往下地逐层传递和细化核电厂建设的具体技术要求；

⑤ 作为核电标准的两大基本特性要求，整个体系及其标准将充分体现核电的经济性和安全性。

基于上述参考模型，按照横向维度构建，核电标准体系的总体框架为多层结构，其中第一层包括核电设计、核电制造、核电建造、核电运行 4 个子体系，每一子体系又将依据应用活动或专业划分为若干子子体系，如图 10-3 所示。若按照纵向构建，所有标准分为总体（含基础）标准、构筑物/系统标准、设备标准，形成 3 个层次的金字塔结构，基于标准功能定位的层次结构图如图 10-4 所示。

10.2.3 标准制定

在管理体制和组织结构明确的基础上，合理、科学的标准制修订程序保障标准化工作健康、高效运转的关键所在。正如前文调研所知，在国外，源于行政机关的正当程序要求或行业自律的要求，各标准化组织的国家标准或社会团体标准的制定程序形成了所谓的“非政府管理程序”（Private Administrative Procedure）理论。虽然与行政机关相比，社会团体对正当程序的要求程度并不高，但是告知、评论、协商、申诉、定期审查等关键要素通常应充分考虑。

参考 ISO、ASME、AFCEN 等国际上成功的标准化组织的工作程序，在公开、公平和协商一致的基础上，中国先进核电标准体系的工作程序宜

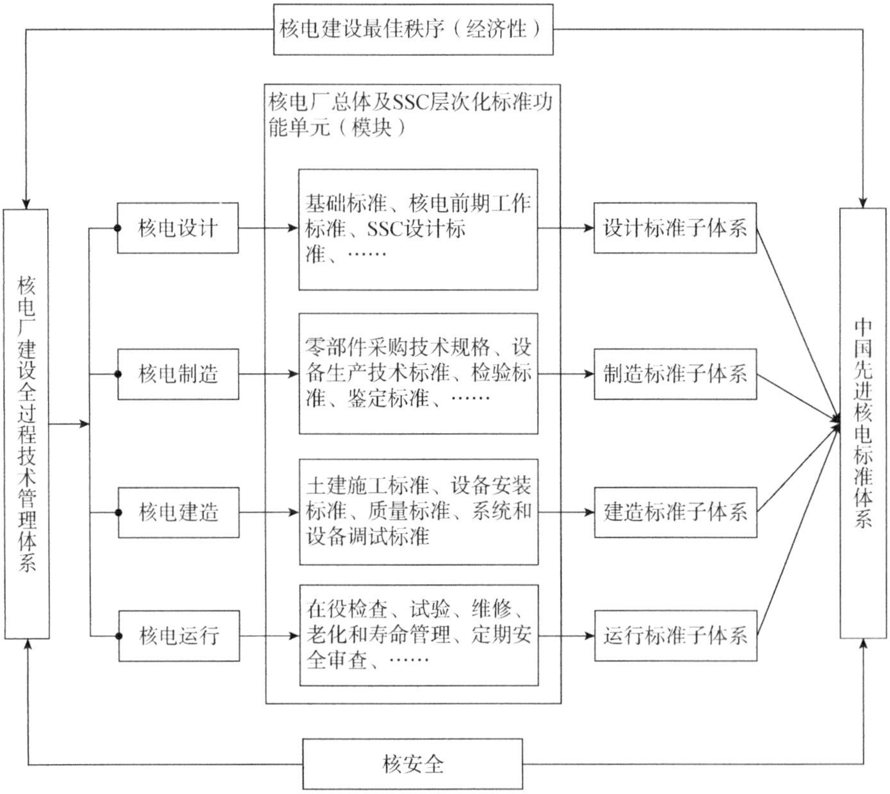

图 10-3　中国先进核电标准体系参考模型

基本采用我国现有的核电标准化制修订工作程序，在以下几个方面予以加强。

1）标准立项

这一环节的质量把控的核心是标准立项的必要性和可行性审查，立项环节的质量把控直接影响标准的适用性和标准编制所需的时间。国外标准化组织对这一环节高度重视，与之相比，我国现行核电标准立项的质量把控比较流于形式，而且注重必要性审查而忽视可行性审查。为加强这一环节，制定细致而规范的程序是关键，在参照现行立项程序的基础上，可主要从两方面进行强化：一是强调项目提出方充分论述立项的必要性和可行性；二是要求项目提出方提供必要的编制标准草案的申报材料，甚至是完

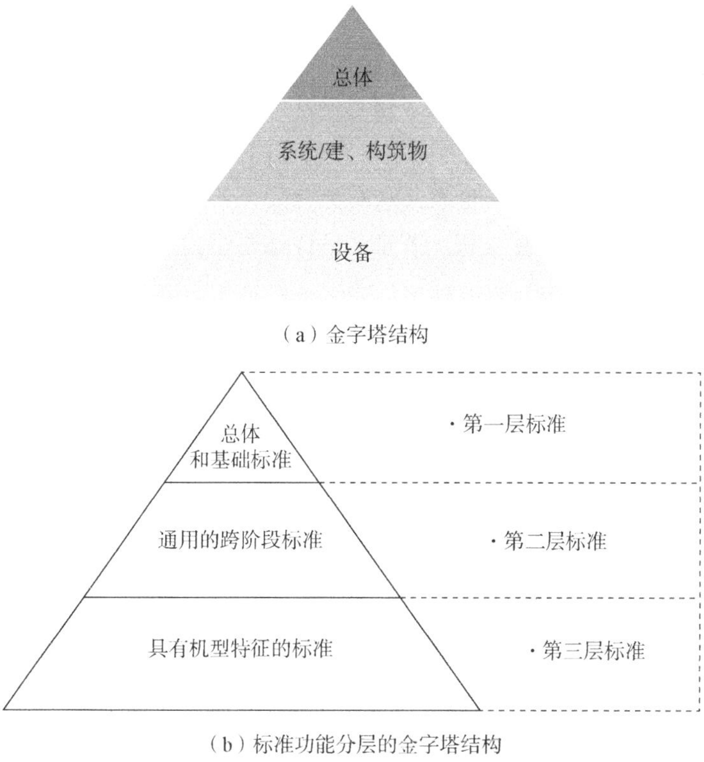

图 10-4　核电标准体系层次示意

善的标准草案，从而保证标准编制的质量和进度。立项申报建议书至少应包括下述 11 个方面的内容：

① 标准化目标和理由（尤其要强调拟覆盖的标准化内容，拟解决的问题或苦难）；

② 标准的利益相关方（从标准获益或受影响的主要利益方，包括工业、消费者、贸易、政府、分包商等）；

③ 标准化的可行性（是否存在可能阻碍成功制定或推广应用此标准的因素？如对几个实践或水平进行标准化是否可行，技术方面是否已相当稳定等）；

④ 标准化效益（包括经济效益、社会效益、贸易采购等，尽量用数据来量化）；

⑤ 标准与法规的关系（如果该标准可能涉及相应的法规和强制性标准，应详细说明）；

⑥ 标准与现行核电的关系（如果该标准与现行的核电标准有关联，应详细说明是否存在重复、冲突以及哪些技术内容需要协调一致）；

⑦ 本标准是否与核安全或公众安全有关（若是，请详细说明）；

⑧ 本标准是否涉及专利（若是，请详细说明）；

⑨ 本标准的制定需要哪些单位或组织提供支持；

⑩ 本标准是否是系列标准（如果本标准与其他标准是一个具有相同标准化目的和理由的系列标准提案，请列举出每个单独项目的名称和范围，并给出制定的优先顺序）

⑪ 相关文件（用于制定本标准的参考文件）。

2）标准征求意见

征求意见是落实程序正当性要求中的“公开”要求的一种手段，目的是保障利益相关方的诉求，也借此收集技术建议以完善标准。各个标准化组织的做法不一而同，如：ISO 主要以电子方式征求成员国的意见；ASME 则是全方面除了征求成员意见外，还定向征求特定单位和专家的意见，同时也面向整个行业征求意见；AFCEN 则仅在内部和较小范围内征求意见。与之相比，我国现行核电标准则是向整个行业广泛征求意见，包括单位、委员、特定专家、公众的意见，征求意见的形式及过程是“一道程序、广泛征求”，因而征求意见的范围更为广泛，但不足之处在于不如 ASME 那般充分重视反馈意见的处理，尤其是缺乏申诉制度。因此，完善核电标准体系运行模式，则宜加强反馈意见的处理制度，具体如下：

① 加强反馈意见的处理。征求意见结束后，项目组应努力解决全部反馈意见和建议。对于每条意见，都应以书面形式（包括电子文件）告知意见提出者，告知的内容包括对这些意见的处理、采取的行动、或意见未被采纳的原因，同时还应以书面形式（包括电子文件）告知其向标准委员会进行申诉的权利。所有的未解决或未采纳的意见以及项目组对此的处理情况都应提交给标技委委员审议。

② 建立申诉机制。结合本章所建议的标技委的组织结构，申诉可分为

1~2 个层级：首先向工作组申诉；如果工作组的决定不被接受，有关程序正当性的申诉请求可提交至专业组，专业组的裁决为最终决定。向标技委申诉的程序参照 ASME 现行做法，建议如下：

A. 申诉者可将申诉的书面文件及时提交至标技委秘书处，秘书处及时告知标技委委员预先审查；

B. 申诉的最终处理与标准送审稿审查一并处理，在确定审查日期后，秘书处应告知有关各方。审查会在处理申诉时应通知申诉人参与；

C. 跟技术问题相关的申诉，予以支持或否决申诉的准则遵循标准审查的 3/4 原则，即不少于 3/4 的审查专家赞成或否定。

10.2.4 标准应用

标准能否得到有效的应用是标准是否具有生命力的关键所在。从调研结果来看，各标准化组织对标准的推广应用不遗余力。ASME 等标准化组织将标准视为自己的核心产品，以推广应用为目的，以咨询、培训和认证等为抓手。反观我国标准建设，重制定轻实施的弊端一直存在。宜参考国外成熟经验，结合我国核电标准以及行业自身特点，重点围绕标准的解释、宣贯、核安全认可、认证予以加强应用。

1）标准解释

标准解释是促进标准应用的一种手段，出发点是为标准这一产品提供售后服务。具体的解释制度设计如下：

① 通过章程规定标技委负责标准解释；

② 标准解释的具体工作通过秘书处和工作组或专业组来开展，秘书处负责收集解释诉求，转交相应的工作组或专业组，监督解释诉求的处理，并将解释正式发布或告知相关方；

③ 允许标技委委员、标准起草人或其他专家以个人名义对相关的解释诉求予以回应，以便作为标技委正式回应的一种有益补充方式。这种个人回应不得使用标技委的名义；

④ 参照 ASME 的形式，规范解释的处理方式，包括：

A. 解释应采用一问一答的形式书写；

B. 询问或答复应包括相应标准的名称及其具体版本；

C. 当现有的解释在确定需要改正或说明时，应予以修订。当有材料支撑时可提出一份建议，建议标技委重新考虑现有的解释；

D. 解释不得修改标准现存要求或确立新要求；

E. 解释原则上不说明相关要求为什么而定，即说明标准的技术依据，除非是一些在标准协商一致过程中达成共识的基本原理性质的内容；

F. 解释不得批准、证明、评价或认可任何项目、建设、专利设备或活动。

⑤ 解释一般应有标技委的工作组或专业组做出，特殊情况下可组织标准起草人或特邀专家组成专门的团队进行解释；

⑥ 解释须经过标技委的批准方能正式对外发布，批准的依据遵循标准审查中采用的3/4原则，即不少于3/4的委员同意。

2）标准宣贯

标技委应赋予标准宣贯的职责，在标准发布之后，各工作组提出宣贯计划，秘书处协助落实并组织开展。宣贯事实上是对标准这一产品予以宣传的一种手段，也是对“解释”的另一种形式的补充，同时也可学习AFCEN的工作模式，利用标准宣贯起到收集应用反馈经验和意见的渠道作用。

3）与核安全相关标准的认可

美、欧等核电发达国家或地区都建有较为完善的核安全法规和标准体系。国际上常用核安全法规金字塔来描述各国的核安全法规体系，常将有关的工业技术标准归为核安全法规体系的一部分，作为对上层法规的支撑。这一核安全法规体系也是国际原子能机构（IAEA）所倡导的体系。国外常常以法律法规引用标准这一方式来实现核安全监管部门对标准的认可，俗称为“背书”。以美国为例，美国核管会（NRC）是民用核设施的核安全监管部门，负责制定美国联邦法规第10部分（10CFR）的大部分内容，也制定有一系列的用于指导其工作人员开展工作的管理导则（RG）。但美国核管会并不制定标准，而是对标准化机构制定的自愿协商一致的标准经过审查后，将适用的标准拿来所用，譬如：10CFR多次引用了ASME

规范和 IEEE 标准等，相关的管理导则（RG）引用了 ANS、ASTM 和 IEEE 等为数众多的标准。据不完全统计，在 NRC 的各类文件中，对标准化组织制定的相关标准引用达 5000 余处。这些被引用的标准因其引用主体的不同，具备不同的作用，10CFR 对 ASME 的规范的引用使得这些标准具备了法律效力，RG 对 ASTM 等标准的引用使得这些标准成为核安全监管工作的技术依据。美国核管会通过上述引用方式，将标准化组织制定的标准与核安全法规及其监管工作紧密结合在一起：一方面可使 NRC 充分利用这些来自工业界的标准来有效开展监管工作；一方面可促使工业界在制定标准时更积极主动的考虑核安全要求，进而形成良好的正反馈机制，保障核工业安全高效的发展。

随着我国核电近些年的大力发展，国家能源局高度重视核电标准建设工作，标准体系不断得到完善，标准技术水平不断提升，制（修）订的标准数量上极大增加。为了推进与核安全相关的能源行业核电标准的实施，国家能源局和国家核安全局共同开展了与核安全相关的能源行业核电标准的认可工作。即国家核安全局依据一定的程序，对于国家能源局已经立项或者发布的可用于支撑安全监管和审评的能源行业核电标准，进行技术审查和安全认可。通过标准认可工作，有助于改变我国过多依赖国外标准进行核安全审评的现状，同时也将进一步促进我国核电业界在核电选址、设计、建造和运行中采用我国的核电标准，从而为推动我国核电自主化和我国核电走出去提供更有力的支持。

从核安全认可工作的开展来看，仍需要对核安全认可工作的长效机制予以完善，其中的核心理念是推动核安全监管部门在核安全监督审评工作中积极采用相关标准，从而形成内在的认可驱动。

4）标准与合格评定

将标准用于合格评定并建立相应的检查机构是推动标准应用的一种非常有效的模式，例如 ASME 在其 BPVC 第 III 中规定了与实施标准配套的钢印制度以及授权检验机构。与 ASME 规范的合格评定的结合相对应，先进核电标准体系在标准的应用方面推行这种模式存在较大困难，从为标准应用方提供进一步的质量保证角度来说，转化后的核岛机械设备设计规范宜采取如下制度：

① 我国对于民用核安全设备的管理不同于其他国家，我国有许可管理制度和监督机制，包括民用核安全设备设计许可证、民用核安全设备制造许可证、民用核安全设备安装许可证和民用核安全设备无损检验许可证；同时，持证单位在从事民用核安全设备的设计、制造、安装和无损检验活动时，需接受国家核安全局的监督检查；

② 民用核安全设备设计、制造、安装和无损检验单位对其所从事的活动承担全面责任，确保民用核安全设备的质量和可靠性；民用核设施营运单位负责民用核安全设备的监造和验收工作，并对民用核安全设备的使用和运行安全承担全面责任；

③ 鉴于我国国家核安全局对民用核安全设备的资格许可制度不同于其他国家，因此在 ASME NCA 转化中将 ASME 中的授权证书转化为我国民用核安全设备的许可要求，除需要取得民用核安全设备设计、制造、安装和无损检验许可证的单位外，还包括民用核设施营运单位（包括业主及其授权单位）、混凝土安全壳设计单位、混凝土安全壳制造单位、金属材料制造单位、非金属材料制造单位和其他重要设备活动单位的责任要求，将 ASME 第Ⅲ卷 NCA 分卷 3000 章内容进行拆分与转化，使遵守标准单位的要求与 ASME 第Ⅲ卷 NCA 分卷基本一致；

④ 结合我国国情，参考法国转化经验，取消授权检验机构和授权检验师、证书、铭牌和规范印记，但保留对质量保证大纲的评价和数据报告，包括：

A. 建议增加专业责任工程师要求。ASME 中的注册专业工程师（PE）主要是代表民用核设施营运单位进行设计方面的确认。考虑取消了授权检验机构和授权检验师、证书、铭牌和规范印记，为保证对过程的控制，参考我国常规锅炉及压力容器以往的管理要求，增加专业责任工程师的规定，包括质量保证工程师、设计责任工程师、材料责任工程师、焊接责任工程师、热处理责任工程师、无损检验责任工程师、检验责任工程师、理化责任工程师；

B. 专业责任工程师由本单位选择，其培训、考核、发证工作由民用核设施营运单位负责；

C. 专业责任工程师应对本单位和分包方活动中实施调查、检查和监查，即转化后以专业责任工程师代替授权检验；

D. 保留数据报告，为保证民用核设施营运单位对过程的控制，将数据报告中的授权检验职责赋予采购方或民用核设施营运单位的专业责任工程师。而营运单位数据报告由其相应的检验责任工程师签字。

⑤ 考虑金属材料制造单位评定和材料确认的重要性，保留 ASME 第Ⅲ卷 NCA 分卷 3800 中有关单位评定和材料确认的要求；

⑥ 在 NCA4000 中增加核安全法规 HAF003《核电厂质量保证安全规定》的要求。

10.2.5 标准的维护

标准的维护是提高标准适用性，不断赋予标准新的生命力。标准维护工作主要包括两个方面：一是维护标准所需的输入，二是维护标准的程序。从调研来看，ASME 等标准化组织的做法不一而同。

综合 ASME、DOE、AFCEN 等组织的维护输入来看，能够为标准维护提供输入的方式有几个：用户的主动反馈、培训活动产生的反馈、技术研讨产生的反馈、标技委自身研究产生的反馈、应用情况评估产生的反馈。这几种方式都可应用于中国先进核电标准体系的维护：

① 用户主动反馈：建立反馈平台，适时整理用户的反馈意见，并定期或不定期审查讨论，提出标准制修订要求；

② 培训活动产生的反馈：结合标准的宣贯，建立反馈机制，包括在宣贯期间安排交流环节，也包括宣贯期间的书面调查；

③ 技术研讨产生的反馈：借助各类专题或专业技术研讨活动，借助 ASME 中国国际工作组和 RCC 中国用户专业组的活动，建立联动制度，收集相关的反馈；

④ 应用情况评估产生的反馈：形成标准的应用跟踪制度，定期评估标准的应用情况，评估结果及支持性材料反馈至标准的制修订；

⑤ 标技委自身研究产生的反馈：针对热点、难点等问题，开展标准化

研究，研究成果反馈至标准制修订。

标准维护程序方面，主要是建立高效的反馈制度，关键是规范化地搜集与处理反馈信息。各个标准化组织的维护程序大致相同，我国核电标准维护程序可在遵循国家标准化管理委员会的复审要求的基础上，参考通用做法，在以下方面予以完善：

⑥ 为了保持标准的适用性和先进性等，可在定期复审的基础上，补充不定期维护的模式：

A. 定期维护：在标准发布满 5 年时，通过定期复审，对整个标准进行修订、重新确认或撤销；

B. 不定期维护：根据各类市场需求的变化或者经验反馈，适时开展标准的制修订。

标准的维护形式可根据需要修订的程度予以区分，编辑性修改或少量修改，采用标准修改单的形式进行维护，技术性修改或者大量修改则直接修订标准。参考 DOE 的维护程序，主要流程可设置如图 10-5 所示。

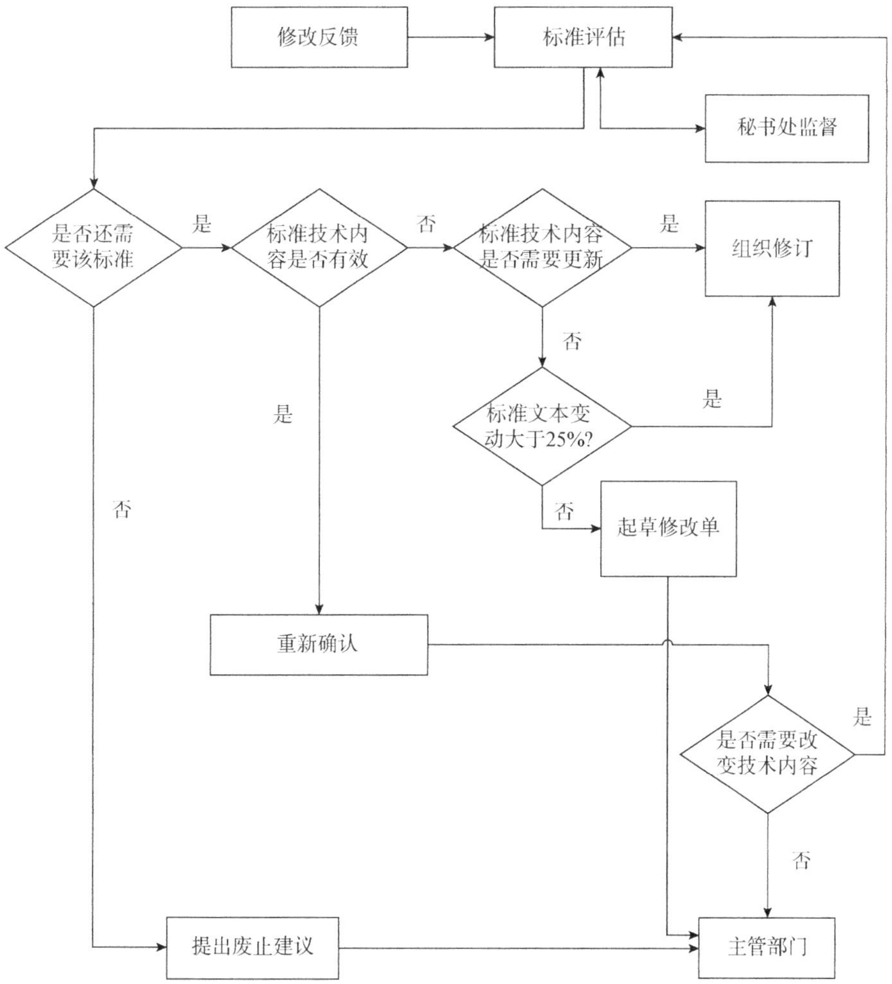

图 10-5　标准维护流程设置

参考文献

[1] 中华人民共和国国家质量监督检验检疫总局、中国国家标准化管理委员. 标准化工作导则 第1部分：标准的结构和编写：GB/T 1.1-2009 [S]. 北京：中国标准出版社，2009.

[2] ISO/IEC. ISO/IEC Directives, Part 1—Procedures for the technical work, 6th ed [S]. ISO/IEC, 2008.

[3] ISO/IEC. ISO/IEC Directives, Part 1—Consolidated ISO Supplement—Procedures specific to ISO, 6th ed [S]. ISO/IEC, 2015.

[4] ISO/IEC. ISO/IEC Directives, Part 1—Consolidated JTC 1 Supplement 2015—Procedures specific to JTC 1 [S]. ISO/IEC, 2015.

[5] ISO/IEC. ISO/IEC Directives, Part 2—Rules for the structure and drafting of International Standards, 6th ed [S]. ISO/IEC, 2011.

[6] BSI. A standard for standards—Principles of standardization: BS 0: 2011 [S]. London: BSI, 2011.

[7] BSI. Guidance for Government representatives on BSI British Standards committees [S]. London: BSI, 2009.

[8] Jeff Feit. Technical Standards Program Guide: DOE G 252.1-1 [S]. DOE, 1999.

[9] Jeff Feit. Technical Standards Program: DOE O 252.1A [S]. DOE, 2013.

[10] DOE. The Doe Corporate Lessons Learned Program: DOE-STD-7501-99 [S]. DOE, 1999.

[11] DOE. Department Of Energy Standard Index: DOE-TSL-1-2007 [S]. DOE, 2007.

[12] DOE. Technical Standards Program Procedures: DOE-TSPP-0 [S]. DOE, 2009.

[13] ASME. Annex to Current ANSI Accredited Procedures: Procedures for ASME-API Joint ASME. Committee on Fitness-for-Service (Rev. 3) [EB/OL]. (2020-02-27) [2020-05-05]. https://cstools.asme.org/csconnect/FileUpload.cfm? View=yes&ID=23103

[14] ASME. Codes and Standards Policy Update [EB/OL]. (2020-02-27) [2020-05-05]. https://cstools.asme.org/csconnect/FileUpload.cfm?View=yes&ID=59993

[15] ASME. ASME Standards Development Principles [EB/OL]. (2020-03-12) [2020-05-05]. https://www.asme.org/codes-standards/asme-code-committee

[16] ASME. Guide to Procedures for ASME Codes and Standards Development Committees [EB/OL]. (2015-08-01) [2020-05-05]. https://cstools.asme.org/csconnect/FileUpload.cfm?View=yes&ID=7611

[17] ASME. Procedures for ASME Codes and Standards Development Committees [EB/OL]. (2008-02-26) [2020-05-05]. https://cstools.asme.org/csconnect/FileUpload.cfm?View=yes&ID=30039

[18] ASME. Supplement to Procedures for ASME Codes and Standards Development Committees [EB/OL]. (2002-11-20) [2020-05-05]. https://cstools.asme.org/csconnect/FileUpload.cfm?View=yes&ID=25956

[19] ASME. Procedures for Development of ASME Technical Reports [EB/OL]. (2014-03-01) [2020-05-05]. https://cstools.asme.org/csconnect/FileUpload.cfm?View=yes&ID=25956

[20] ASME. Request for the Development of a New ASME Standards Activity [EB/OL]. (2014-03-01) [2020-05-05]. https://www.asme.org/wwwasmeorg/media/resourcefiles/aboutasme/get%20involved/standardscertificationsdevelopmentcommittees/request-new-asme-activity.pdf

[21] ASME. Standards and Certification Sector Operation Guide [EB/OL]. (2014-03-01) [2020-05-05]. https://cstools.asme.org/csconnect/FileUpload.cfm?View=yes&ID=21326